勒·柯布西耶与建筑漫步

献给埃里克斯

著作权合同登记图字：01-2011-2451号

图书在版编目（CIP）数据

勒·柯布西耶与建筑漫步／（英）塞缪尔编著；马琴，万志斌译.
北京：中国建筑工业出版社，2012.11（2025.5重印）
ISBN 978-7-112-14781-6

I.①勒…　II.①塞…②马…③万…　III.①建筑艺术 – 研究
IV.①TU-80

中国版本图书馆CIP数据核字（2012）第244477号

责任编辑：孙　炼
责任设计：赵明霞
责任校对：赵　颖

勒·柯布西耶与建筑漫步
［英］弗洛拉·塞缪尔　编著
马　琴　万志斌　译

＊
中国建筑工业出版社出版、发行（北京西郊百万庄）
各地新华书店、建筑书店经销
华鲁印联（北京）科贸有限公司制版
建工社（河北）印刷有限公司印刷
＊
开本：850×1168毫米　1/16　印张：13³/₄　字数：450千字
2013年1月第一版　2025年5月第二次印刷
定价：72.00元
ISBN 978-7-112-14781-6
　　　（22809）

勒·柯布西耶与建筑漫步

[英] 弗洛拉·塞缪尔 编著

马 琴 万志斌 译

中国建筑工业出版社

致谢

和建筑的基地一样，一本书的边界也是很难描述的。在我过去所有关于勒·柯布西耶的文章以及对文献和电影的欣赏中，都出现过《勒·柯布西耶与建筑漫步》的起源，但是正是Birkhäuser的亨丽埃特·米勒—斯塔尔帮助我把这个计划变成了现实。蒂姆·本顿和卡洛琳·马尼亚克给我提供了各种资金帮助。巴斯大学的保罗·里尚以他堪称典范的慷慨和风格把我介绍给了剑桥大学（当时的）动态图形研究室的莫琳·托马斯——他和路德维希·洛泽、莫妮卡·科克、理查德·科克、菲利普·普拉格以及特伦斯·赖特一起——给我们——当时巴斯MArch的学生和员工——做了电影制作可能性的启发性讲解。这些学生之一，丹·摩尔，后来又在他对这个领域进行深入研究的时候，给我提供了大量的图书。同时戴飞德·格里菲斯和马丁·格莱德希尔，像以往一样，以最大的慷慨和耐心为我赢得了写作的时间。

在我于巴黎记录建筑案例期间，安·塞缪尔是一个非常好的伙伴。勒·柯布西耶基金会的米歇尔·理查德允许我在洛奇大厦修缮期间进入其中，阿诺·德尔塞斯还为我进行了讲解。丹尼斯·莱唐带我重新参观巴西大楼，帮我从它不同寻常的屋顶上摘下香葱叶。

英国研究院提供了大量的影像资料。在我写作期间，加迪夫的史蒂芬·凯特允许我使用拍摄他的杜瓦尔工厂照片，这些东西是不对读者开放的。山姆·奥斯汀、史蒂夫·库姆斯和埃德·温莱特负责了图纸的绘制。玛丽·加斯蒂内尔·琼斯再一次帮我做了翻译，让我在敌视法国的地方游刃有余。亚当·沙尔在各个阶段对手稿做出了非常有意义的评价，就像彼得·布伦德尔在设菲尔德大学建筑学院所做的一样。彼得·莱西正是在那里帮助我汇总插图。实际上，所有设菲尔德的成员都非常宽容和支持我，他们让我能够在仓促担任这所非常富有创造力和令人兴奋的学院领导之前完成这本书。

还要特别提到和我一起完成我们第一本书的莎拉·梅宁，如果不是情况有变的话，她将比我们所有人更加优秀。最后，要感谢我的重心，我的家人，如果没有他们，这一切都是不可能的。

弗洛拉·塞缪尔
设菲尔德，2010年

目录

图0.1 马赛公寓，架空层大厅的门（1952）。

引言

"建筑漫步"是现代建筑语言中的一个关键词。它第一次出现于勒·柯布西耶对位于普瓦西的萨伏伊别墅（1928）的描述中，在那里，他用它代替了之前的作品中常用的"流线"这个词。[1] "在这栋房子里出现了一种真正的建筑漫步，步移景异、出人意料而且有时候还会让人感到震惊。"[2]当然，从本意上来说，漫步指的是穿越建筑的体验。从深层次来说，和所有柯布西耶创造的东西一样，它指的是支撑他作品的复杂的思想体系，尤其是他对作为形式起源的建筑的信念。

勒·柯布西耶的主要目的是要帮助人们在*理解居住*（savoir habiter）的过程中，了解怎样生活。[3] "我知道我正在讨论一个根本问题，伟大的现代问题：居住。"[4]简而言之，这就是对他所认为的生命中最重要的东西的理解和欣赏。[5]

知道怎样居住是世界各地、任何一个地方进入现代社会之前的根本问题。这是一个天真却又丝毫没有孩子气的问题。怎样居住？你知道如何才能生活得彻底、坚定、快乐、远离由习惯、传统和城市的杂乱无章所导致的各种愚蠢行为么？[6]

漫步的设计是为了让人们回归对周围环境的敏感，并最终实现与自然的重新定位。[7] "你一进去：建筑就会把它的场景展现在你的眼前。你随着它走动，眼前的景象不断地变化着，演变成一出墙面上的光的戏剧，并且在池中投下阴影"，所有这一切的目的都是为了帮助我们"在一天结束的时候对可以得到的所有东西表示感激。"[8]

在整个序列展开的过程中所有东西都不是随意设置的。勒·柯布西耶写道："关于我们的作品、人类的劳动、人的世界，任何一种无法解释的东西都是不会存在或者没有权利存在的。"[9]

---

1 "流线"在《精确性》中使用得特别频繁，那本书中的某一章节专门讨论了这个问题。勒·柯布西耶，《精确性》，第128—133页。

2 勒·柯布西耶和皮埃尔·让纳雷《勒·柯布西耶全集》（第2卷·1929—1934年）（苏黎世：建筑出版社，1995），第24页。

3 勒·柯布西耶《马赛公寓》（伦敦：Harville，1953），第34页。原版的名字是L'Unité d'habitation de Marseille（牟罗兹：Editions Le Point，1950）。也可参见勒·柯布西耶《走向新建筑》中"看不见的眼睛"（伦敦：建筑出版社，1982），第9页。原版的名字是Vers une Architecture（巴黎：Crès，1923），第9页。

4 勒·柯布西耶，《当教堂是白色的时候》（纽约：Reynal Hitchcock，1947），第xvii页，原版的名字是Quand les cathedrals étaient blanches（巴黎：Plon，1937）。

5 勒·柯布西耶，《走向新建筑》，第23页.

6 勒·柯布西耶，《当教堂是白色的时候》，第17页。

7 关于自然对勒·柯布西耶的意义可参见莎拉·梅宁和弗洛拉·塞缪尔，《自然与空间：阿尔托和勒·柯布西耶》（伦敦：Routledge，2003）。

8 勒·柯布西耶和皮埃尔·让纳雷《勒·柯布西耶全集》（第1卷·1910—1929年）（苏黎世：建筑出版社，1995），第60页。译自T·本顿，《勒·柯布西耶的别墅1920—1930》（伦敦：耶鲁，1987），第4页。

9 勒·柯布西耶，《今日装饰艺术》（伦敦：建筑出版社，1987），第163页。原版的名字是L'Art decoratif d'aujourd'hui（巴黎：Editions Crès，1925），第165页。

例如，在瑞士馆中（1930—1932）"最重要的关注点是可见的以及隐含的最小的细节"。[10]

从意义上来说，朗香教堂（1950—1954）很像是"一丝不苟的研究"的结果。[11]正如勒·柯布西耶的合伙人安德烈·沃根斯基所写的那样，"只要他在空间中提出了一种建筑形式，他就会赋予其某种意义。"[12]

和勒·柯布西耶建筑中的许多其他方面一样，我将对漫步会不会也是遵循某种原则，是否每次都会根据基地和项目的要求进行些许调整进行研究？但是每次的结果都会很相似。我认为它是根据某种模式、一系列特定的阶段来发展的，我将揭示这些东西是如何通过细部的应用来加强的。在讨论过程中，我会从艺术、宗教、修辞学、电影、文学及其他领域分析让勒·柯布西耶的体验结构变得如此丰富的各种来源。

其中最关键的是勒·柯布西耶在1933年《光辉城市》一书中提出的光辉概念，如果我们对其进行深入研究，就会发现它更多的是一部叙述神统的史诗而不是城市规划的导则。"因此，光会是妙不可言的，它能用普通的材料让我们的城市、我们的家园、我们的房屋和我们的乡村具有现代社会的'光辉'"。[13]一栋发光的建筑、一个物体或者艺术作品会对周围的一切产生影响，就像帕提农神庙一样，勒·柯布西耶将它描述成"就像爆炸一样产生光和热"。[14]发光的建筑会对周围造成影响。它会把其他的建筑和物体联系在一起，无论是旧的还是新的、根据同样的精神还是类似的几何形体建造的。而且，建筑可以通过模度的使用来"制造光辉"。[15]通过对周遭世界日复一日的观察；汽车、轮船、建筑制造方法；技术与科学；古代宗教和哲学；艺术、自然，当然还有人体的研究，模度的目的是实现标准化和避免浪费。[16]但是它还有一个更隐蔽的目的，那就是让人在社区中与环境产生更加紧密的联系，通过数字的协调结合在一起。除了比例系统之外，它对勒·柯布西耶所创造的妙不可言的空间来说也非常重要，它是"宗教中可信的事实"的"基本真理之光"。[17]

在比其他任何文字都更深入地反映了勒·柯布西耶内心世界的《直角的诗意》一书中，我们可以发现从物体——石头和骨头——中提取的面（图0.2）。它们开始了交流。它们会发光。[18]它们与其

10 勒·柯布西耶和皮埃尔·让纳雷《勒·柯布西耶全集》（第2卷·1929—1934年），第16页。
11 勒·柯布西耶，《朗香教堂》（伦敦：建筑出版社，1957），第6页。
12 安德烈·沃根斯基，勒·柯布西耶《直角之诗》引言，（巴黎：勒·柯布西耶基金会，1989），n.p.
13 勒·柯布西耶，《在东方——雅典宪章发表26年之后》，1962年5—6月，第18页。打印稿（未发表，拟用于M·P·德卢弗里耶《巴黎地区》一书），第14页，勒·柯布西耶基金会（以下简称为FLC）A3 01 365。
14 勒·柯布西耶，《模度2》（伦敦：Faber，1955），第26页。原版的名字是Le Module II（巴黎：今日建筑出版社，1955）。
15 同上，第306页。
16 J·索尔坦，《和勒·柯布西耶一起工作》，摘自H·艾伦·布鲁克斯（编写的）《勒·柯布西耶档案，第十七卷》，（纽约：Garland，1983），第ix—xxiv页（第xviii页）。
17 勒·柯布西耶，《模度》（伦敦：Faber，1954）。原版的名字是Le Module（巴黎：今日建筑出版社，1950），第220页。
18 勒·柯布西耶，《模度2》，第306页。

图0.2 一幅关于石头的图，摘自勒·柯布西耶
《直角之诗》（1955）。

他的东西和建筑联系在一起，无论是旧的还是新的、根据同样的精神还是类似的几何形体建造的，它们影响到了周围的环境。"你可以回忆一下坐在桌边的人……家具、墙面、通向室外的洞口……都在和他交谈。"[19] 在这里，建筑为扮演主角的叙事和行为提供了构架。[20]

如果像帕提农神庙那样会发光的建筑对于勒·柯布西耶来说就是向周围"射出"光线的[21]，那么这对于漫步来说意味着什么呢？它实际上是从哪里开始又在哪里结束的呢？温蒂·雷德菲尔德向我们展示了历史学家们对勒·柯布西耶作品的评价在多大程度上忽视了基地的问题[22]，而卡罗·伯恩斯和安德鲁·康则非常有说服力地叙述了对传统的把基地看作会受到特定空间的设计行为影响的一个网络和一块领地这种观念进行批判的必要性。[23]

在勒·柯布西耶早期的作品中很好地界定了基地的边界，但是在底层架空的建筑中基地的边界就不会很明显，比如说在马赛公寓[24]中，似乎是有意弱化了室内外之间的明确边界。这里漫步创造了从首层到顶层连续的统一体、一条穿过建筑的类似室外的流线，它在过程中会被首层极小的玻璃门所打断（图0.3）。这些东西让室内外空间变得模糊，把室外的流线引导进室内并上升到屋顶花园。

19 勒·柯布西耶，《与学生的对话》（纽约：普林斯顿建筑出版社，2003），第54页。原版的名字是Entretien avec les étudiants desécoles d'architecture（巴黎：Denoel，1943）。

20 谢尔盖·艾森斯坦、伊夫斯—艾伦·博伊斯、迈克尔·格兰涅，《蒙太奇与建筑》，《集合》，10（1989），第113页。"建筑自身就能创造电影"，勒·柯布西耶在关于马赛的文献中这样写道。勒·柯布西耶，《勒·柯布西耶全集》（第5卷·1946—1952年）（苏黎世：建筑出版社，1973）。首次发表于1953年，第10页。

21 勒·柯布西耶，《模度2》，第26页。

22 温蒂·雷德菲尔德，《被压制的基地：基地对两个纯粹主义作品的影响》摘自卡罗·伯恩斯和安德鲁·康，《基地问题：设计理念，历史与策略》（伦敦：Routledge，2005），第185—222页。

23 同上。

24 威廉·柯蒂斯，《勒·柯布西耶：思想与形式》（牛津：Phaidon，1986），第81页。本顿说明道，在较早一个版本的方案中，首层车行道上还有一个混凝土的凯旋门。本顿，《别墅》，第181页。

在描写像漫步这样的主题时有着很大的文学创作的空间。然而，由于我的目的是想要确定漫步能不能通俗化，所以本书的结构非常简单。在第一部分中，我指出了勒·柯布西耶所用来把理解居住的乐趣介绍给大家的手法。这些方法在第二部分中也有提到，那时候它们是描绘漫步系统的手段。

虽然建筑漫步是许多作者在总结勒·柯布西耶的作品时都会涉及的一个主题，但是除了约瑟·巴尔坦纳斯的《穿过勒·柯布西耶》中非常简短的文字之外，没有专门讨论这个问题的著作。柯林·罗在关于勒·柯布西耶对空间和流线的使用的文章——尤其是他对拉图雷特的清晰描述[25]——为我的工作提供了基础（尽管罗主要关注的是视觉而不是触觉和其他感官的东西），就像威廉·柯蒂斯和爱德华·塞克勒尔对卡朋特中心的研究[26]，卡洛琳·曼尼亚克关于加乌尔大厦的文章[27]和蒂姆·本顿关于早期别墅[28]的著作一样。

在《走向新建筑》中，勒·柯布西耶谈到了被一栋建筑或者一种形式"感动"，"我们能够超越比较原始的感官；从而形成某种能够影响我们认知并且让我们进入一种满足状态的关系（和统治我们并且让我们的行为从属于它的宇宙法则相一致）"，人在其中"能够充分运用他的记忆力、分析能力、推理能力和创造力"。[29]最后的几个词是非常重要的。勒·柯布西耶想要创造一种环境，让人能在欣赏他的建筑的过程中运用他们的记忆力、分析能力、推理能力和创造力，而后面阶段将迫使他们把自己的体验放到建筑中，从而创造出全新的东西。

我任务中的一部分就是要分解漫步中的体验，我需要对它们的意义作出评价，但是，从罗兰德·巴尔泰斯在1967年完成了他极具影响力的文章《作者之死》之后，评价一个文本或者实际建成的一栋建筑的某种解读变成了一件很困难的事情。[30]勒·柯布西耶承认建筑的意义对每个人来说都是某种个体的感受。[31]他喜欢玩视点的游戏，从第一个一下跳到第三个——用它来暗示某种人为的与专业人士的距离——然后再回到他对自己作品的描述。同时他非常清楚叙事的姿态、个体的观点和集体观点之间的对立，这种认识在漫步的发展过程中起着重要的作用。

25 柯林·罗，《拉图雷特》摘自《理想别墅中的数学》（剑桥，马萨诸塞：麻省理工学院，1978），第185—201页。

26 爱德华·塞克勒尔和威廉·柯蒂斯，《工作中的勒·柯布西耶》（剑桥，马萨诸塞：麻省理工学院，1978）。

27 卡洛琳·曼尼亚克，《勒·柯布西耶和加乌尔大厦》（纽约：普林斯顿大学出版社，2009）。

28 见安东尼·穆利斯，《绘图经验：勒·柯布西耶的螺旋形博物馆项目》，昆士兰大学，布里斯班，2002[未发表的论文]。见安东尼·穆利斯，《线条/形式/运动：平面技巧中的流线分析》，http://escape.library.uq.edu.au/eserv/UQ:3600/moulis.pdf，获取于2009年11月29日。

29 勒·柯布西耶，《走向新建筑》，第21页。也可参见勒·柯布西耶和皮埃尔·让纳雷《勒·柯布西耶全集》（第1卷），第11页。

30 摘自罗兰德·巴尔泰斯《想象音乐文本》（纽约：Hill and Wang，1977），第142—148。

31 每个个体心中都有一个"巨大而无限的空间，人能在其中放入自己对神圣的概念——一个独立的、完全个性化的概念。"勒·柯布西耶引自让·佩蒂特和Pino Musi，《朗香教堂，勒·柯布西耶》（卢加诺：Fidia Edizioni d'Arte，Association OEuvre de Notre Dame du Haut à Ronchamp，Ren é Bolle Redat，1997，无页码）。

图0.3 马赛公寓，架空层大厅的门（1952）。

图0.4　勒·柯布西耶、谢尔盖·艾森斯坦（中间）和安德烈·布罗在1928年的合影。

　　勒·柯布西耶想要创建一种人能在其中活出自己的生活方式但同时又能非常确切地体现框架应该成为的样子的框架。正是这些悖论让他的作品变得如此有趣，变成建筑实践的所有难题中非常具有表现力的一个，你怎样才能设计出让别人在其中成为他们自己的建筑？对于他复杂的思想来说，只把他看作对宇宙秩序进行补充的一个渠道是很不公平的。不相信"绝对真理"的勒·柯布西耶觉得我们应该"在每个问题上都要设身处地""去参与"。[32]因此本书最后包含了我对漫步的理解，时刻牢记我的作者身份这个特定的情境是非常重要的。[33]我运用了我的"记忆力、分析能力、推理能力和创造能力"来提出我的观点，同时也希望别人提出自己的观点。[34]正如勒·柯布西耶自己所说的那样，"私人的体验才是真实的检验。"[35]

　　与勒·柯布西耶同时期的勒内·吉耶雷在谈到爵士的时候这样写道："在我们的新视野里，没有台阶、没有漫步。一个人进入了他的环境——环境通过人被看到。这两种作用是相互

32　勒·柯布西耶，《精确性》，第32页。

33　我试图在我的工作中把注意力集中到自然、女性、生平和建筑细部的意义上。

34　关于对勒·柯布西耶作品的看法可以参见狄波拉·甘斯，《勒·柯布西耶导则》（纽约：普林斯顿建筑出版社，2006），第26页。

35　勒·柯布西耶，《当教堂是白色的时候》，第65页。

的。"[36]朱利亚纳·布鲁诺写到了穿越建筑时"解读"建筑的方法，我由此受到了启发，所以用读者这个词来指代进入漫步体验的人。[37]这也是勒·柯布西耶非常尊敬的电影制片人谢尔盖·艾森斯坦很喜欢用的词（图0.4），他的蒙太奇理论将在本书中扮演非常重要的角色。[38]勒·柯布西耶在谈到"在我的自己的工作，我想跟谢尔盖·艾森斯坦在他的电影中那样思考"之前声称："建筑和电影是我们这个时代仅有的两种艺术"。[39]布鲁诺把他的思想描述成"想要追溯电影、建筑和旅行体验在理论上的相互作用的中枢"，因此它看似与这个讨论有一定的关系。[40]

"漫步"这个词通常会用在外部空间的体验中，在尼斯著名的安哥拉斯漫步海岸上看与被看的活动就是一个例子。在勒·柯布西耶早期还没有完全定型的作品中，观众是"旁观者"，以及最终完全脱离肉体的、在一个特定高度上漂浮在建筑周围的"人的眼睛"。对于勒·柯布西耶来说，这个眼睛是动个不停的、富有挑战性的。它"可以看得很远，而且就像一个清晰的镜头那样，能够看到所有的东西，甚至超越了想象。"[41]这本书所面临的主要挑战之一就是要说清楚当镜头的焦距发生变化而视网膜根据光线做出调整的时候，轴线的交点上会发生什么。

无论是徘徊在单元楼的屋顶（图0.5）还是在图纸上描绘的宏伟蓝图，就像为伦敦理想住宅展所做的方案那样（图0.6）那个眼睛就像孩子们画的公主，有着浓密的睫毛，非常女性化。在我写的《勒·柯布西耶建筑师和女权主义者》中，我注意到了勒·柯布西耶向一位女性观众介绍他的建筑的方式，他相信女性能从这种对社会的看法中获得最多的启示。所以它试图暗示他的建筑的读者是女性。[42]然而，在他后期的作品中有着浓密睫毛的眼睛被图纸中更具普遍性的模度人代替了，而它现在成了勒·柯布西耶努力的方向（图0.7），有时候也会和女性一起出现（图0.8）。

在创作他的作品全集的时候，勒·柯布西耶自己提供了一系列关于他作品的可能的理解。一些评论家注意到那些包括在"神话时代"[43]之中的图纸不能代表实际建成的建筑。[44]在为这本书准备图纸的过程中，一个很大的困难就是《勒·柯布西耶全集》中平面图的不可靠性，这些图纸导致了各种

36　勒内·吉耶雷引自"感官的同步"，摘自谢尔盖·艾森斯坦《电影感觉》（伦敦：Faber and Faber，1977），第81页。首次出版于1943年。

37　朱利亚纳·布鲁诺，《情感地图：艺术、建筑和电影之旅》（纽约：Verso，2007），第58页。

38　谢尔盖·艾森斯坦，《蒙太奇的诱惑》摘自《电影感觉》，第181—183页（181）。见弗朗索瓦·潘兹《从摄影到合成影像的建筑和银幕》摘自M·托马斯和弗朗索瓦·潘兹，《建筑幻象：从动态图片到可操控的互动环境》（布里斯托尔：Intellect，2003），第146页，关于现代主义建筑和电影之间密切关系的讨论。

39　这次访谈被引用在让—路易斯·科恩，《勒·柯布西耶与苏联的神秘性》，肯尼斯·海尔顿译（普林斯顿：普林斯顿大学出版社，1992），第49页。

40　朱利亚纳·布鲁诺，《情感地图》，第57页。

41　勒·柯布西耶，《走向新建筑》，第175页。

42　"在我的图纸和绘画中，我一直都只表现女性，或者是女性的照片、象征和宗谱（勒·柯布西耶）。"勒·柯布西耶引自H·韦伯（编写），《艺术家勒·柯布西耶》（苏黎世：Editions Heidi Weber，1988），无页码。

43　塞克勒和柯蒂斯，《工作中的勒·柯布西耶》，第2页。

44　同上。

图0.5　勒·柯布西耶草图中的眼睛，摘自《阿尔及尔的诗》（1950）。（上页）
图0.6　伦敦理想住宅展（1938），摘自《勒·柯布西耶全集》。

图0.7 模度人，马赛公寓（1952）。

建筑研究中很多不正确的观点。《勒·柯布西耶全集》中的平面几乎无法告诉我们柯布西耶室内空间中的实际体验。表示头顶突出物的虚线的缺失导致读者无法感受首层的进深和临界点的变化。然而，有可能对于勒·柯布西耶来说，《勒·柯布西耶全集》中的图纸可以比实际建成的那个不太完美的版本少一点妥协，多一点真实。[45] 这些建筑被看做建筑的教科书和他的建筑观点的宣传，它们包含了很多隐含的事项。它们的内容被赋予了高度的关注，通过仔细研究它可以向好奇的读者展示很多的东西。[46] 正是由于这个原因，在本书的第二部分，我把建筑的照片和它们在《勒·柯布西耶全集》中理想化的表现并列在一起。

　　值得注意的是漫步对《勒·柯布西耶全集》编者的微小影响。在第一卷中对一系列照片的分析体现了不同的关注点。例如，1925年雷曼湖边的佩蒂特别墅的照片似乎把所有的注意力都放在上面的、透过建筑可以看到的山峦上。[47] 然而在勒·柯布西耶和皮埃尔·让纳雷写给梅·迈耶的信中描述了他们为她的房子所做的第一个方案，这封信就是按照漫步的形式写的，从入口开始，然后从光线、视野和空间的重要性等角度进行描述，最后在一个值得"独自干大事"的地方达到顶点（图0.9）。在描述第二个方案的时候也采用了同样的形式。尽管梅森·库克（1926）所拍摄的照片很

45　何塞普·克格拉斯，《勒·柯布西耶、皮埃尔·让纳雷：萨伏伊别墅》（马德里：Rueda，2004），第67页。

46　弗洛拉·塞缪尔，《勒·柯布西耶、女性、自然和文化》，《艺术与建筑的问题》5.2（1998），第4—20页。

47　勒·柯布西耶和皮埃尔·让纳雷，《勒·柯布西耶全集》（第1卷），第89页。

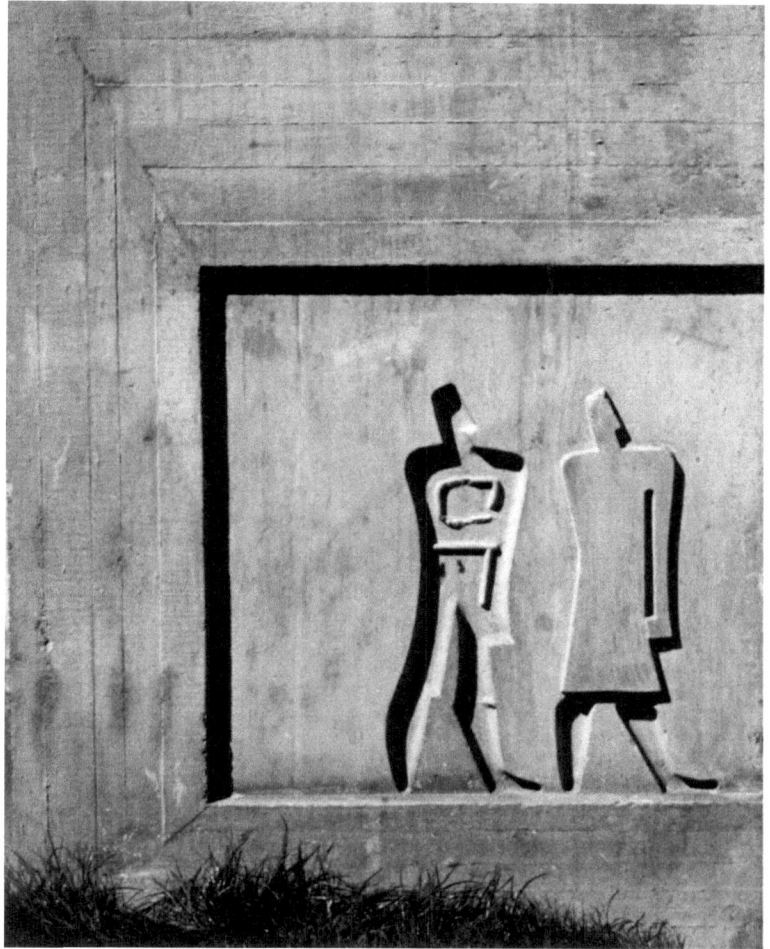

图0.8　马赛公寓首层的模度人和女性，菲尔米尼（1959）。

有秩序，但是似乎它们遵循的是完全不同的原则。[48]而梅森·盖尔蒂的手绘插图（也是1926年）再次表现了一个从首层到屋顶的严格的漫步序列。所以当勒·柯布西耶拥有了对他的想象和它们序列的完整的自主权时，就像他自己绘制这些东西时所做的一样，秩序反映了他对这个问题的专注。[49]

勒·柯布西耶经常用轴测图来界定路线的要素。就像伊夫斯—艾伦·博伊斯所指出的那样，"轴测是没有中心点的；它完全是建立在可以重新排列和有无限变化的概念上的。"[50]在勒·柯布西耶早期的草图中，箭头被用来暗示建筑中设计好的路线（图0.10）。虽然他后来不用箭头了，但是他并没有停止设身处地的想象。设计图纸常常体现了反复描画的细线，就像勒·柯布西耶的铅笔通过平面中一圈又一圈的行走表现出日常生活的运动一样。[51]这些图纸以及无数为了他建筑中不同的事件而存在的透视草图体现了他对生活空间的关注程度。

48　同上，第130页。

49　同上，第130页。

50　伊夫斯—艾伦·博伊斯，摘自艾森斯坦、博伊斯和格兰涅，《蒙太奇与建筑》，第114页。

51　参见艾伦·布鲁克斯，《档案第十七卷》例FLC29310，第462页。

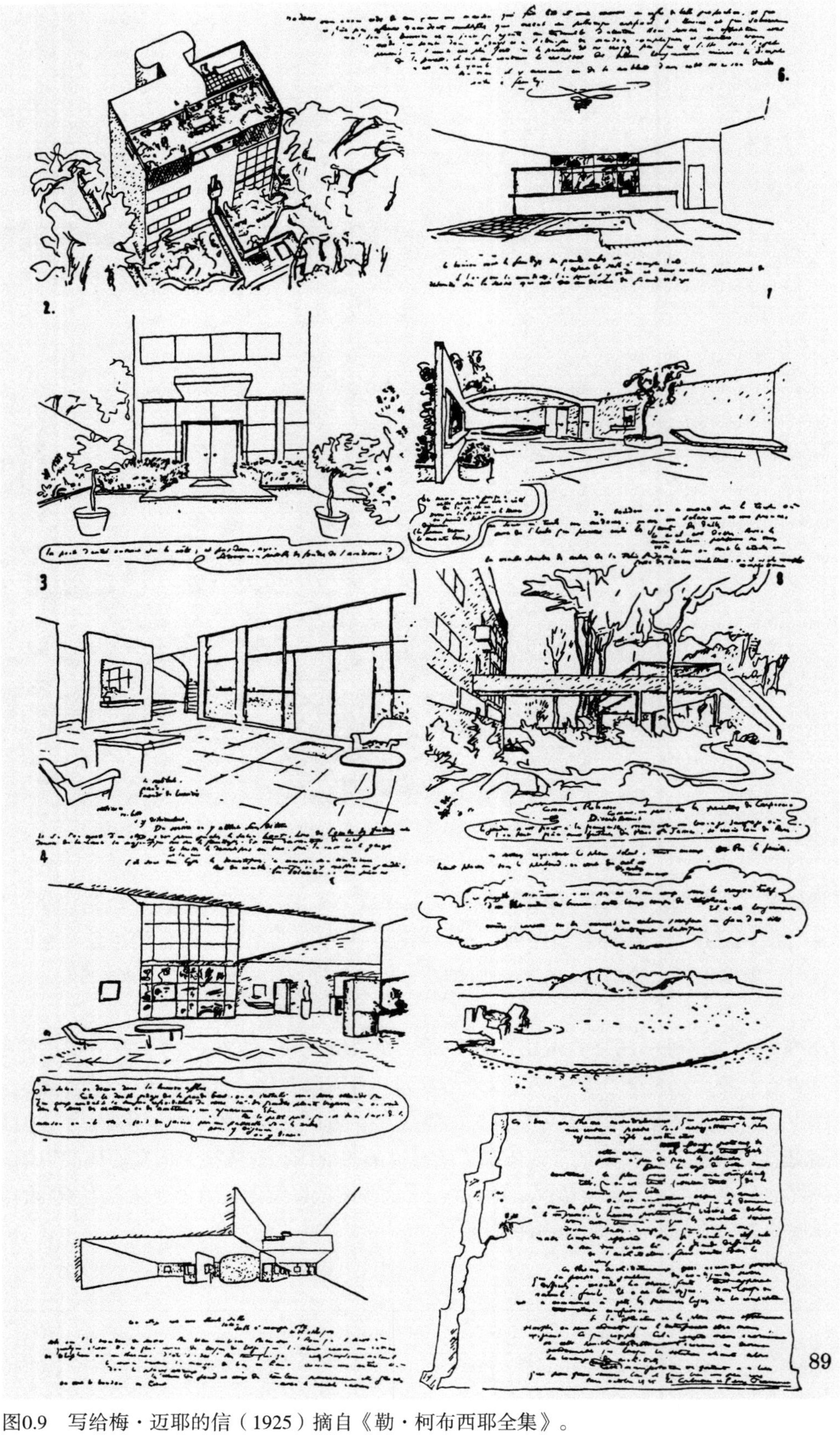

图0.9 写给梅·迈耶的信（1925）摘自《勒·柯布西耶全集》。

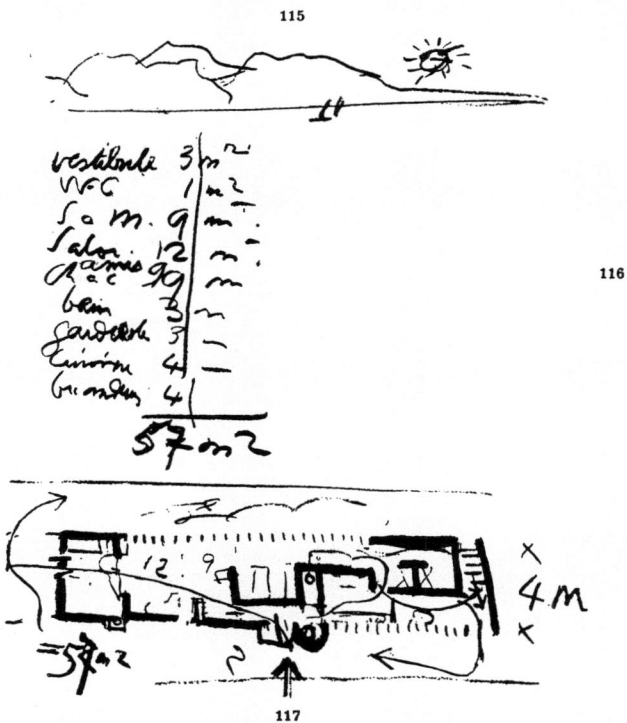

LE PLAN DE LA MAISON MODERNE　　129

图0.10　"现代建筑平面"，《精确性》，第129页。

　　勒·柯布西耶声称他的目的是"细部统一、整体混乱"。[52]虽然有很多不同的人帮助他把理想变成了现实，但是他的建筑之所以能够保证细部的统一，一部分原因是技巧和员工敬业；一部分原因是他在设计中各个方面的参与度（虽然他在巴黎的时候总是缺席，而且显然每天只在办公室里呆三个小时）；一部分是通过采用有限的家庭形式（通常来自于他的绘画）；一部分是通过——更加正统但比较少见的——采用标准细部方案[53]；部分是因为《勒·柯布西耶全集》——耶日·索尔坦回忆说勒·柯布西耶经常告诉他的员工"到Girsberger中去查一下"，他指的就是《勒·柯布西耶全

52　勒·柯布西耶和皮埃尔·让纳雷，《勒·柯布西耶全集》第1卷，第132页。
53　参见艾伦·布鲁克斯，《档案XXIX》例FLC17396，第392页或艾伦·布鲁克斯，《档案XXV》例FLC5461，第405页。

集》通过这个办法"确保了他的作品的延续性，节约了时间和金钱"；[54]还有一部分是通过比例系统、模度的应用来"防止[元素]之间随意地建立关系，让它们能够精确地调整彼此，使之成为一体。"[55]

他的表弟皮埃尔·让纳雷的重要作用是不容忽视的。同时，作为原则问题，我想要强调建筑是一个团队的成果而不是某个天才的作品，勒·柯布西耶的言论淹没了让纳雷的沉默寡言，让我们很难确定他们各自的分工与合作。[56]勒·柯布西耶的合作者们究竟是读者还是作者、指挥者还是执行者？勒·柯布西耶的名字变成了一个符号、一个品牌，已经替代了他的本名查尔斯·爱德华·让纳雷，涵盖了职业生涯中所有的工作。一个是设计先锋的建筑，另一个是将其实施。勒·柯布西耶的作品只是和为他工作的人的作品一样优秀，无论是在现场还是在他的工作室中，他对其中的一些事情有着全面的了解。

因为我非常严肃地对待杰里米·蒂尔提出的认识建筑实践中可能发生的事情的要求，所以我知道这本书不能只是罗里啰唆地描述大量的细节，也不应该过多地关注形式或者美学的问题。[57]之所以写这本书以及之前的书是因为我想说明勒·柯布西耶是一个人，而不是有着常人无法企及的神奇力量的天才，他在周围的帮助之下，用特殊的技巧以及对细部的熟悉创造了杰出的建筑。而且，和许多同时期的人不同，他认识到了创造一栋建筑、一栋能够赞美其中的生活的建筑的艰难与复杂。[58]

建筑是一项不确定的工作。当然，在英国建筑师似乎很难向公众解释他们所做的事情的意义。关于品质和什么是好建筑的讨论有很多，但是结论都很含糊，尽管有许多勇士努力想改变这种状况。[59]勒·柯布西耶的建筑是熟练的细部处理和空间规划的结果，我相信这些东西是可以描述、学习并且赋予可以被认知的意义的。

当基本的设计技巧被新兴的研究数字图形的世界所侵蚀的时候，我强烈地感觉到了这一点，那些东西除了外观上的对立，往往没有经过对流线和空间所构筑的愉悦进行真正的推敲。我不是为数字世界之前的反对技术进步者进行辩护，而是想把这个领域与能够重申叙事和意义的电影理论和空

54　索尔坦，《与勒·柯布西耶一起工作》摘自艾伦·布鲁克斯，《档案第十七卷》，第23页。

55　安德鲁·沃根斯基，《马赛公寓》摘自艾伦·布鲁克斯，《档案第十六卷》，第17页。

56　玛丽斯泰拉·卡西雅图对皮埃尔·让纳雷的研究可以很大程度上修正这个平衡。

57　杰里米·蒂尔，《建筑依赖》（剑桥，马萨诸塞：麻省理工学院，2009），第176页。

58　无论他喜不喜欢，他的建筑都会让自己像人们在佩萨克所见到的那样具有适应性。参见菲利普·博登关于勒·柯布西耶的佩萨克方案中居民所做的改变的讨论。菲利普·博登，《生活在建筑中》（剑桥，马萨诸塞：麻省理工学院，1972），第1页。

59　参见朱丽叶·奥杰斯和弗洛拉·塞缪尔，《设计品质标志》摘自埃里森·迪图瓦和亚当·沙尔《源于控制的品质》（伦敦：Routledge，2010），第xvii页。

图0.11　库克别墅窗台上的人体模型，摘自《勒·柯布西耶全集》。

间游戏结合在一起。[60]我们所了解的建筑史就是这样处理实践和争论的。我非常希望，它不是一个结束。

　　建筑细部作为一种艺术所带来的愉悦——空间游戏和隐含的意义——是那些极少数的进入建筑俱乐部的领域之一，但是我相信根据阅读者的不同，建筑可以有很多种不同的阅读方式，就像勒·柯布西耶所做的那样。同时，在形成想法的过程中，他有可能用到了各种抽象的、教条的、死板的形式技巧，技巧在很大程度上破坏了人的流动性，但是勒·柯布西耶至少尝试着去了解别人会如何感受他的建筑，并且强化如果没有人的话，他的建筑就会不完整的这个信息，哪怕不是一直成功。[61]（图0.11）

60　实例参见莫琳·托马斯和剑桥大学动态图形研究室的作品。
61　勒·柯布西耶和皮埃尔·让纳雷，《勒·柯布西耶全集》（第1卷），第134—135页。

les 4 fonctions
de l'urb.

(peinture)

en 24 heures

les
de
l'u

la réforme agraire
la ferme
le village

reconnais...
du
vrai
programme
de la
civilisation
machiniste

La révolu...
architec...
ce ...

Sortie

Entrée

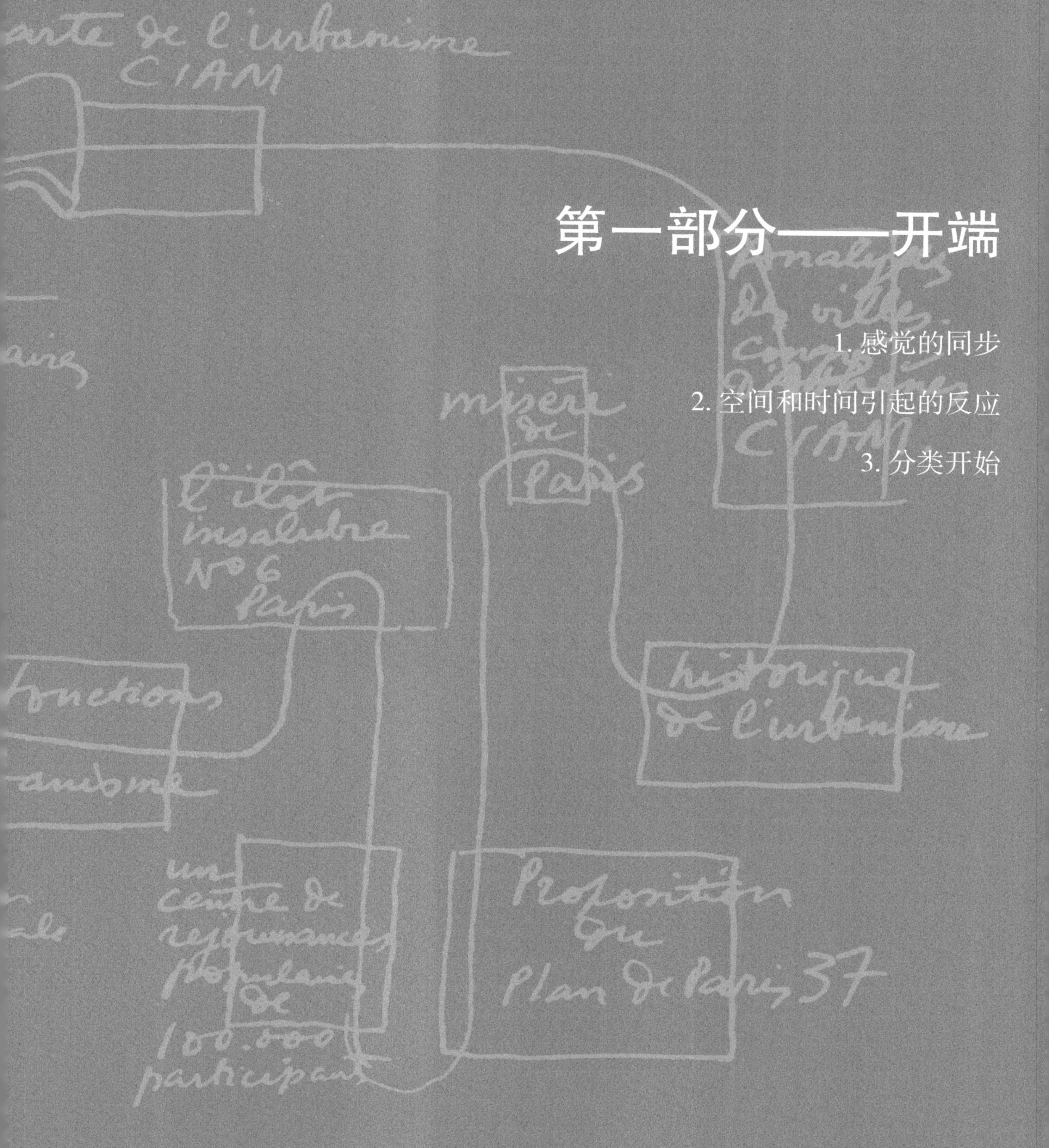

第一部分——开端

1. 感觉的同步

2. 空间和时间引起的反应

3. 分类开始

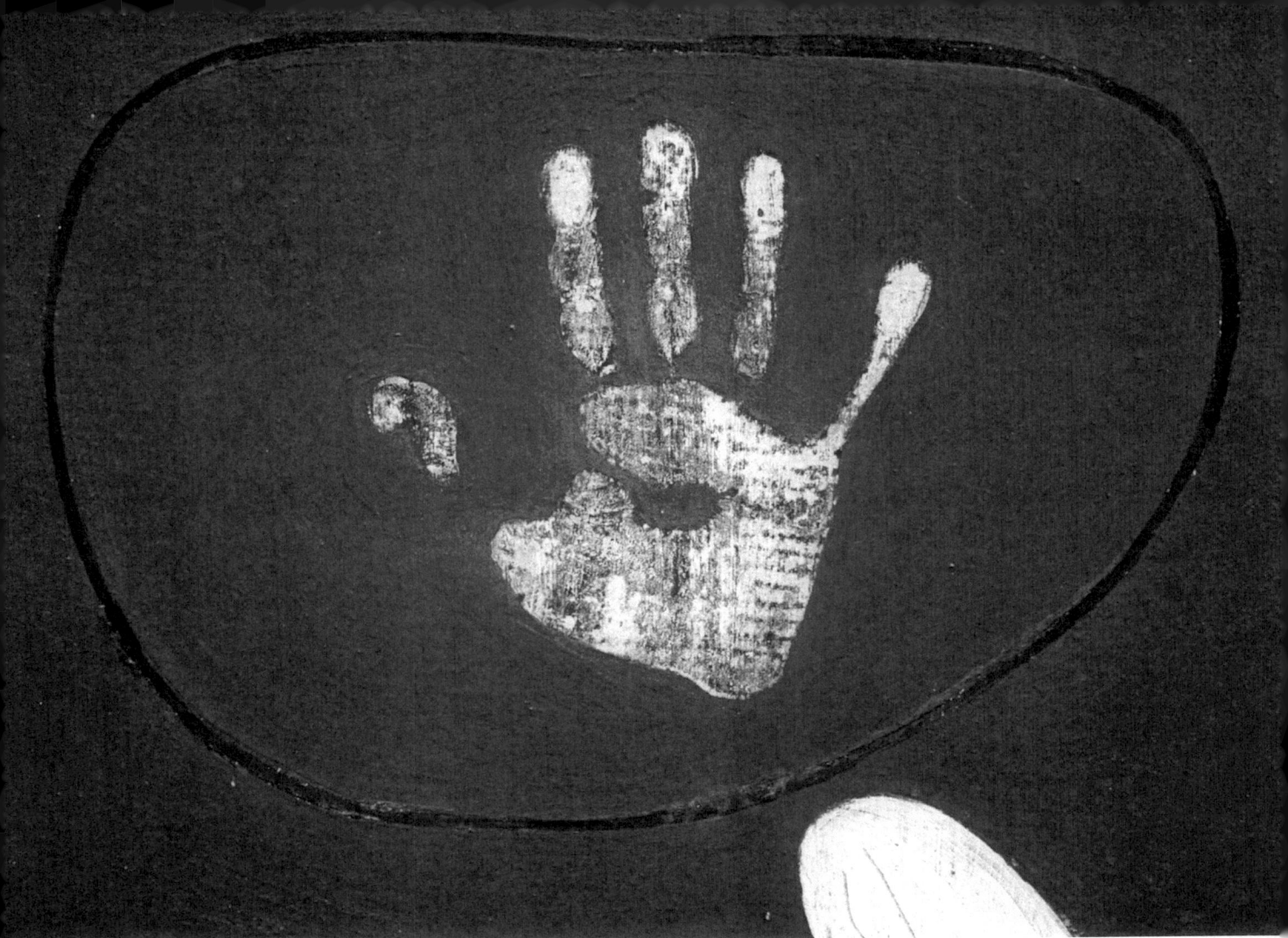

图1.1　海洋之星（L'Etoile de mer）墙面上勒·柯布西耶的手印，邻近马丁岬的小屋。

建筑是一系列连续的事件……精神想要通过创造精确的、压倒一切的、并且因而能够形成心里感觉的关系来改变这些事件，这样在阅读答案的时候能够体会到真正的精神享受，从清晰的、把所有要素统一在一起的数学特质中感受到一种和谐。[1]

毫无疑问，人体在所有这些中扮演着重要的角色。它可以充当漫步过程中建筑和大脑之间进行信息转化的重要媒介。"我有一个和别人一样的身体，我所感兴趣的东西是和我的身体、眼睛和意识联系在一起的。"[2]建立在柏拉图的思想上[3]，勒·柯布西耶相信影响思想的主要手段是在下意识的层面影响身体[4]，"身体的快感"是"独立于理智的感觉的"。[5]通过这个方法能够"甚至在理论成形之前，就在我们内心深处"感受到"指导行为的情感"。[6]没有什么地方比专门针对近距离的触觉和视觉而设计的细节更容易让人体会到可能的身体感觉——在这里"建筑作品进入了敏感的层面"，而"我们被打动了"。[7]

对于勒·柯布西耶来说，每个人都有"一块共鸣板"，与"能让我们找到宇宙的统一"的"自然界所有的现象和物体"产生共鸣。[8]建筑的任务是对内心的共鸣板做出反应，并且通过激发身体的反应而推进这个"原始意愿"的形成。因此本章的重点是建筑如何促进这个过程的方法。

身体的节奏
非传统的法国艺术史学家艾黎·福尔（1873—1937）的作品在勒·柯布西耶关于身体和节奏之间的关系的思想形成过程中起到了非常重要的作用。1955年，当他在飞机上编写自己喜欢阅读的书目清单（包括一如既往的塞万提斯和拉伯雷的作品）的时候，勒·柯布西耶想到了福尔。"我喜欢

1　勒·柯布西耶，《关于当前建筑状态和城市规划的精确度》（剑桥，马萨诸塞：麻省理工学院，1991），第160页。原版的名字是Précision sur un état présent de l'architecture et de l'urbanisme（巴黎：Crès, 1930）。

2　勒·柯布西耶，《柯布老头的遗嘱》（纽黑文：耶鲁大学出版社，1997），原版的名字Mise au Point（巴黎：Editions Forces—Vives）。

3　柏拉图发现"节奏和协调找到了进入灵魂的方法"从而形成了"对内心世界真正的教育"。柏拉图，《共和III》，摘自斯科特·巴克纳《柏拉图手册》（哈蒙兹沃思：Penguin, 1997），第389页。

4　勒·柯布西耶，《今天的装饰艺术》（伦敦：建筑出版社，1987），第167页。原版的名字是L'Art decorative d'aujourd'hui（巴黎：Crès, 1925）。

5　亚瑟·鲁格（编写）《多彩的建筑：勒·柯布西耶的色彩键盘，1931—1959》（巴塞尔、波士顿、柏林：Birkhäuser, 1997），第101页。

6　勒·柯布西耶，《今日装饰艺术》，第169页。

7　勒·柯布西耶，《精确性》，第82页。

8　勒·柯布西耶，《走向新建筑》（伦敦：建筑出版社，1982），第192—193页。原版的名字是Vers une Architecture（巴黎：Crès, 1923）。

图1.2 飞利浦展馆室外，布鲁塞尔国际展览会（1958）。

艾黎·福尔，他是预言家、欣赏家，而且有很强的理解能力。"[9]福尔原先是阿梅代·奥占方[10]的好友，是国际现代建筑协会（CIAM）最早的成员之一。勒·柯布西耶有很多他的书，有些还有作者的亲笔签名。[11]实际上，福尔的儿子在受训期间曾经和皮埃尔·让纳雷一起工作过。[12]

对于福尔来说，以节奏形式出现的数字在让人保持节制和与"某些具有神性、但又受到万有引力作用的东西"保持联系的过程中起着重要作用。[13]

我不会解释数学与绝对严密的音乐和声是如何对潜意识产生作用的。所有人都知道音乐会对感觉产生不可抗拒的影响，它会瞬间点燃精神的火花，而这种火花又会通过几何构成和代数方程式——自动的——被依次赋予某种意愿。为什么语言非常含糊的艺术和生物学上的和谐会对意识产生作用呢……这就需要提到从个体的、过于沉重的意识到集体意识的通道，乐于接受统一的全新节奏，数学中是很难抓住一种持续的感官愉悦的，尽管它是非常严密的……我喜欢用舞蹈，尤其是电影，在所有这些看似矛盾的关系中寻找一种和谐。[14]

---

9 勒·柯布西耶，《草图本第三卷1954—1957》（剑桥，马萨诸塞：麻省理工学院，1982），草图645。

10 J·罗曼，《勒·柯布西耶1900—1925：转折之年》。未发表的博士论文，伦敦大学（1979），第237页。

11 艾黎·福尔，《平衡》（巴黎：Robert Matin，1951）。以及作者送给皮埃尔·让纳雷的艾黎·福尔《艺术史》、《形式的精神》（巴黎：Germain Crès，1927）。艾黎·福尔，《艺术史》第一、二、三、四卷（巴黎：Germain Crès，1924）均保存在勒·柯布西耶基金会（之后简称为FLC）。勒·柯布西耶于1951年3月阅读了《平衡》。勒·柯布西耶，《草图本2》（伦敦：Thames和Hudson，1981），草图372。

12 罗曼，《勒·柯布西耶1900—1925》，第241页。

13 译自艾黎·福尔，《剧院的作用：社会命运的运动形式》（巴黎：Editions Gonthier，1995），第12页。第一版发表于1953年。

14 同上，第14—15页。

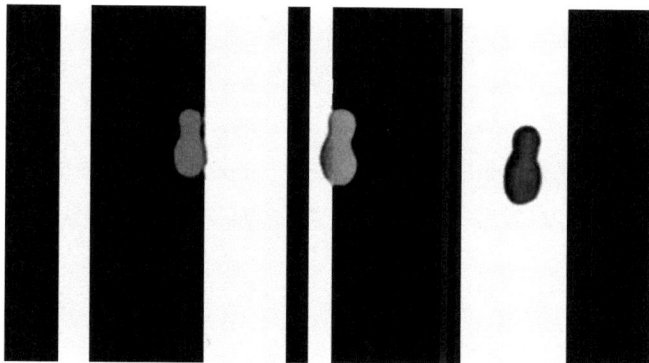

图1.3 勒·柯布西耶的电影《电子之诗》中的一个定格镜头（1958）。

他对用数字给人留下情感印象的方法特别着迷，他相信"建筑标志着从建筑平面到感官层面的几何通道。"[15]我们很容易看到为什么——一直为了清楚地表达建筑节奏与身体节奏之间关系而努力的——勒·柯布西耶如此肯定福尔的想法。

尺度

"一个小时又一个小时，一天又一天，生命在流逝。各种事件环绕在我们周围，我们并没有进入其中。"[16]勒·柯布西耶对自然周期进行了深入的思考——呼吸、月亮的圆缺、季节的更替，甚至月经的周期，所有这些都为天人合一的形式提供了证据，让我们的努力有了尺度。但是接下来"所有东西都出现了问题。控制的限制被拿走了……但是沉着的太阳依然有条不紊地继续着自己的轨迹，依然标志着我们工作的节奏。"[17]建筑师的作用就是把读者的注意力拉回到它基本的轨迹上来。

"相对于那些把我们放在这里又带我们到那里的台阶来说这是容易理解的"[18]，建筑应该"重视每一步的移动。"[19]在勒·柯布西耶看来，现代社会的一个核心问题就是把人对空间和时间的认识弄得一团糟。"（一百年前的）某一天，人从远古的步行速度进入了无限的机械速度之中。"[20]对于勒·柯布西耶来说，步距是一个非常关键的空间测量手段，它的节奏是和建筑相对应的。从《电子之诗》这部电影中可以非常清楚地看到与发生在布鲁塞尔的飞利浦展馆中一样的行为（图1.2），该展馆是勒·柯布西耶、埃德加·瓦雷兹和兰尼斯·泽纳基斯（1958）合作的作品。虽然读者穿过展馆本身的空间时所发生的实际行为——从进入空间开始、音乐、色彩和图像——从来没有被复制过，但是仍能从中感受到电影和同名的书中的一些行为。《电子之诗》是一个关于文明、进步和人类代价的黑色故事。它从一阵铃声开始，重复而压抑得让人心碎。这个节奏被一组人的脚印所取代，向着与银幕相反的方向跑去（图1.3）。其他的图像以不规则的间距出现。图形不断地增加，被色彩所强

15 摘自福尔1935年为《安东尼·雷蒙德：他在日本的作品，1920—1935》所写的序。安东尼·雷蒙德，《自传》（佛蒙特州：Charles E. Tuttle公司，1973），第150页。

16 勒·柯布西耶，《当教堂是白色的时候》（纽约：Reynal Hitchcock，1947），第11页。原版的名字是Quande les cathédralsétaient blanches（巴黎：Plon，1937）。

17 同上，第22页。

18 勒·柯布西耶，《与学生的对话》（纽约：普林斯顿：2003），第46页。原版的名字是Entretein avec les écoles d'architecture（巴黎：Denoel，1943）。

19 勒·柯布西耶和皮埃尔·让纳雷，《勒·柯布西耶全集》（第2卷·1929—1934年）（苏黎世：建筑出版社，1995），第24页。首次出版于1935年。

20 勒·柯布西耶，《当教堂是白色的时候》，第22页。

化，呼应着音乐的重复，伴随着一系列刺耳的噪声和嗖嗖声而达到高潮。[21]在这里，勒·柯布西耶试图在展馆自身的范围内创造一次声音、色彩和光的旅行，与开始的脚印相对应，就像一场巨大的三维管弦乐。

音乐

勒·柯布西耶关于漫步的思想中充满了音乐的力量，在那里"比例会刺激感官；一系列的感官就像音乐中的旋律。"[22]尽管无论他的母亲还是兄弟都是音乐家，但是把勒·柯布西耶的理论转化成建筑的工作绝大部分是由1950年代中期在勒·柯布西耶的工作室里工作的年轻工程师、作曲家兰尼斯·泽纳基斯完成的。[23]

1956年，勒·柯布西耶要求泽纳基斯在玻璃系统的垂直支撑中采用模度的比例体系，最后形成了在拉图雷特修道院中首次亮相的像波浪一样起伏的玻璃表面。[24]它在后来的各种建筑中反复出现，比如说费尔米尼的青年中心（图1.4）和卡朋特中心，正如威廉·柯蒂斯所发现的那样，"尤其是在曲线的平面中，即使是粗心的读者也能感受到它们像波浪一样起伏的节奏。"[25]

泽纳基斯在《勒·柯布西耶档案》第28卷一篇关于修道院的论文中用很长的音乐细节描述了起伏的形成。"在音乐中进行尝试之后，我找到了建筑元素中令人眩晕的组合……"[26]我们暂时偏一下题，说说泽纳基斯的音乐、尤其是其中的转移（频谱显示，1954）及其相关的电影是非常值得的，因为其中有很多和这个话题有关的内容。转移是一个医学术语，指的是病毒从一个器官或者某个部分转移到其他地方。这是他的第一个即兴作品，泽纳基斯将它定义为对他认为不连续的音乐的修复。

电影从类似心脏检测仪上的光点开始。小提琴伴着偶尔的打击乐以不规则的节奏进入。画面消退变成了竖向的条纹。光点随着小号声渐渐变大，接着又重归安静。竖条变成了横条，它们合在了一起，然后随着心跳声慢慢消失。接着出现了一个小光点（长笛声起）交织在原有的声音中。虽然我没有资格对音乐理论作什么评价——爵士、即兴音乐和勒·柯布西耶的作品之间的关系迫切需要有一个正确的解释——我将对勒·柯布西耶的漫步中非常重要的一个问题进行讨论。[27]这是以心跳为

21 艾森斯坦写道，在1940年代，从好莱坞到巴黎的艺术圈中非常流行的一个主题就是色彩和音乐之间的关系。谢尔盖·艾森斯坦，《电影感觉》（伦敦：Faber and Faber，1977），第90—91页。首次出版于1943年。

22 勒·柯布西耶，《精确性》，第133页。

23 勒·柯布西耶，《模度2》（伦敦：Faber，1955），第321页。原版的名字是Le Modulor II（巴黎：今日建筑出版社，1955）。

24 同上，第32页。

25 勒·柯布西耶，《勒·柯布西耶全集》（第7卷·1957—1965年）（苏黎世：建筑出版社），第100页。首次出版于1965年。

26 兰尼斯·泽纳基斯，《拉图雷特修道院》，摘自艾伦·布鲁克斯（编写），《勒·柯布西耶档案第二十八卷》（纽约：Garland，1983），第11—12页。此后简称为艾伦·布鲁克斯，档案第二十八卷。

27 F·P·米勒、A·F·旺多姆、J·麦克布鲁斯特，《兰尼斯·泽纳基斯》（毛里求斯：Alphascript，2009）。

图1.4　起伏的玻璃，青年中心，费尔米尼（1965）。

背景的惊喜、色彩和曲调的游戏，很像《电子之诗》中的演奏，指向一种可能的路径上的一致性。泽纳基斯自己在他的书《正规化的音乐》中说，他的作曲方法是"通过在秩序和混沌之间寻找一种平衡"来模拟自然现象。[28]我认为这和勒·柯布西耶的建筑有着很多共同点，我们可以把漫步体验的演变过程理解成和音乐一样的事件和节奏。

　　声波在内耳中的振动，这种流动的平衡，对于勒·柯布西耶来说有着巨大的象征意义，可以为一系列被称为"声学"形式的研究带来灵感。勒·柯布西耶认为自己非常善于控制声音，尽管他在这方面的工作并没有引起很多的关注。当然在拉图雷特中感受到的很长的混响时间和马赛公寓中极端的安静都是他在这个领域的尝试。虽然勒·柯布西耶很关注声音以及声音在表现空间时非常重要、但又无法看到的作用，但是显然它在他的漫步理念中扮演着重要的角色，尽管没有切实的证据，但除了建筑本身之外，情况的确如此。

28　兰尼斯·泽纳基斯，《正规化的音乐：作曲中的思想和数学》，《和谐：音乐理论研究》（比勒费尔德：Pendragon，2001）。

光

对于勒·柯布西耶来说，光起着很多重要的实际、感官和象征作用，要不断地对它的编排进行修改。"关键是光和光照亮的形式以及形式本身有着一种情感的力量。"[29]在漫步的体验中，读者会强烈地感受到光影的雕刻感。

观察影子的表演，了解整个游戏……精确的阴影，清楚的切割或溶解。投下的阴影非常清晰。投下的阴影精确地勾画出迷人的阿拉伯图案和回纹。反复回旋。伟大的音乐。[30]

他的建筑需要强烈的有方向的光来创造阴影并且对结构的节奏进行必要的强调。他对明暗的对比非常着迷，所以非常喜欢卢西恩·霍维的摄影。

勒·柯布西耶很清楚光能在多大程度上改变一个场所的氛围。实际上，他曾非常有感情地写道："明亮的卧室中的安静或者是到处都是黑暗角落的房间所带来的痛苦，热情或者绝望"。[31]

当你被阴影或者黑暗的角落包围时，只要你看不到黑暗的边界，你就觉得很放松。你不是你的房子的主人。一旦你在墙上刷上油漆，你就成了自己的主人。你想要更加精确、更加正确、清楚的思考。[32]

把墙刷成白色是为了一种新的声学存在，它能帮助读者把注意力集中到生命中真正重要的东西上来。

当他还是个年轻人的时候，勒·柯布西耶曾赞美过阿陀斯山上的"圣母殿"和它那"在节奏控制下的光所形成的……形式和色彩之间神秘的关系"，将它描绘成"对古代建设者之神的召唤！"[33]诺替斯教徒的信仰，比如说摩尼教（包括勒·柯布西耶特别喜欢的卡特里派），非常关注身体和灵魂的关系，他们会从白天和黑夜的关系来描述宇宙。在汉斯·乔纳森看来，光明和黑暗的象征意义"在诺替斯文化中无处不在"。[34]其中绝大部分都与生和死有关，也可以象征善和恶，实际上，也就是"另一个世界"与被认为是黑暗的、不完美的世界之间的关系。[35]这样的主题是勒·柯布西耶关于光明和黑暗之间关系的二元思考的核心。

光的游戏在很多备受勒·柯布西耶推崇的作家的作品中都扮演着重要的角色，尤其是安德烈·纪德、爱德华·舒雷和纪尧姆·阿波利奈尔，其中最后一位——用维吉尼亚·斯贝特的话

29　勒·柯布西耶，《朗香教堂》（伦敦：建筑出版社，1957），第27页。
30　同上，第47页。
31　同上，第75页。
32　勒·柯布西耶，《今日装饰艺术》，第188页。
33　勒·柯布西耶《东方之旅》（剑桥，马萨诸塞：麻省理工学院，1987），第183页。原版的名字是Le Voyage d'Orient（巴黎：Parenthèses，1887）。
34　汉斯·乔纳森，《诺替斯教》（波士顿：Beacon Press，1963），第xvi页。首次出版于1958。
35　同上。

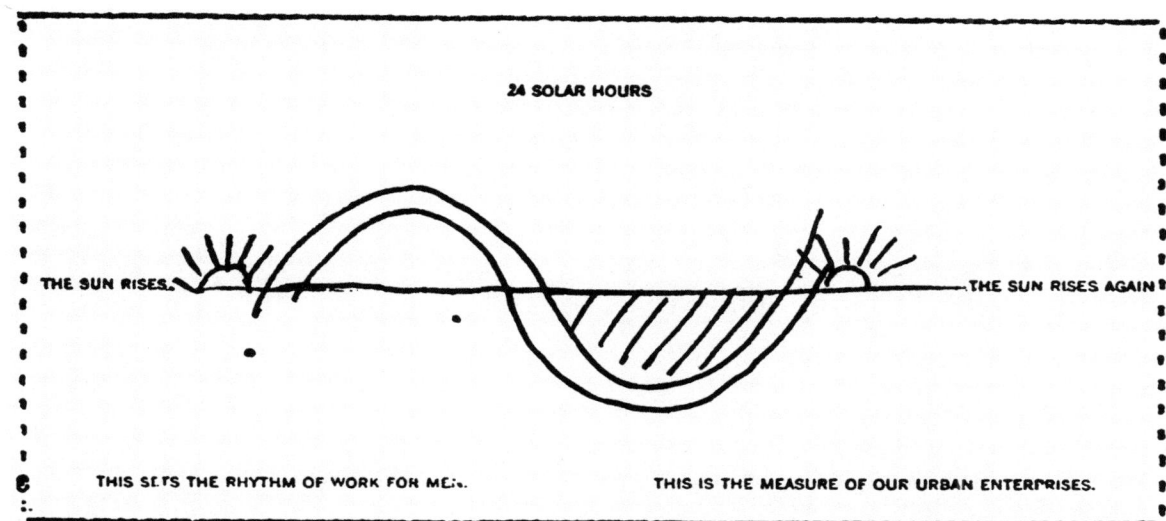

图1.5　勒·柯布西耶，《当教堂是白色的时候》中的一天24小时的示意（1937）。

说——"19世纪诗人"让古代关于光的隐喻重新复活了，用它来"表达所有事物最初的统一和对灵魂的尊敬通过所有生物神圣的源泉——光重新结合在了一起。"[36]对于阿波利奈尔来说，建立在俄耳浦斯通往阴间的黑暗世界之旅基础上的创世之旅，是对诗人自己对整个内心世界的要求的一个隐喻，勒·柯布西耶似乎完全赞同这种想法。

对于勒·柯布西耶的生活和工作来说，光明和黑暗的对立有着非常重要的意义。它为他的一天24小时的示意提供了重点（图1.5），这张图记录了太阳在地平线以上和以下的运动轨迹——例如，在马赛公寓中，它被用在入口的一块石头上。"如果说作为一个还算理性和理智的人，作为一名技师、一个有想法的人，在模仿机械化的过程中我曾经有所贡献的话，那么，这个贡献就是这张示意图。"[37]对于勒·柯布西耶来说，它就像是那些"想要看得清楚和想要起到引导作用"的东西之间的媒介，其核心就是"居住……了解如何生活！如何运用神的庇佑；他赋予人类阳光和精神，让他们能够在地球上实现快乐的生活，并且重新找回失落的伊甸园。"[38]光这个词和知识这个词之间的落差是相当普遍的，光对于理解居住这种艺术来说有着至关重要的作用。[39]看得清楚是勒·柯布西耶的作品中经常出现的一个主题。例如，昌迪加尔行政中心的照明让里面的人能够"看得清楚，充分利用太阳的光线来决策世界事务。"[40]因此，只有符合不断出现的漫步的结局才能从中脱颖而出。

36　维吉尼亚·斯贝特，《俄尔浦斯主义：1910—1914巴黎非人物绘画的演变》（牛津：Clarendon，1979），第53页。
37　摘自勒·柯布西耶，《当教堂是白色的时候》引言，第17页。
38　同上。
39　参见托德·威尔莫特《燃烧在传统的壁炉边的古老之火：勒·柯布西耶工作室的居住建筑中的创意和毁灭》，arq，10，1（2006），第57—78页。
40　勒·柯布西耶，《精确性》，第161页。

图1.6 查尔斯·爱德华·让纳雷（勒·柯布西耶），《灯下的静物》（1922）。

色彩

艾黎·福尔在《均衡》中写到了"感官、感情和智力之间神秘的一致性"，色彩的组织会对这种一致性产生影响。勒·柯布西耶在他的那本福尔的书里划出了这些词。[41] 在刚开始的时候，他的建筑终会体现出温和的地中海品位并且和他早期的纯粹主义绘画一样流畅（图1.6）。在这里，就像在佩萨克的住宅方案一样，色彩被用来强调某些墙面以及弱化其他墙体的力量。在勒·柯布西耶后期的作品中，在光进入建筑的地方，同样很重视色彩，无论光是来自浅色表面的反射——就像朗香教堂中从塔里面红色的墙面反射回来的光产生了一种强烈的玫瑰色光芒一样——还是透过彩色的玻璃进入室内的（图1.7）。

色彩在漫步中的象征作用影响着氛围，它会强调或者弱化特定建筑元素的存在。[42] 例如，勒·柯布西耶在威尼斯医院方案中完全认同"色彩对于病人的精神有着重要的心理作用"。1932年，他为Salubra公司提供了一个色彩键盘。这是"一个可以在现代住宅中建立严格的建筑色彩的系统，并且符合自然和每个人的深层需求。"[43] "色彩……精神病专家先生，它不是一种重要的诊断工具么？"他写道。

感官刺激

勒·柯布西耶无论是在处理形式还是质感的时候都会有一定的感动或者刺激身体的意图。考虑到对于勒·柯布西耶来说，他的绘画就是建筑形式的一个来源，所以他的建筑也会保留认知它的身体的反应。"我有一个和别人一样的身体"，勒·柯布西耶写道，"我感兴趣的是与我的身体、我的眼睛和我的思想相关的东西。"[44]

1928年他在他的绘画作品中"在人的身体上打开了一扇窗"[45]，用它来抽象地表达一种因为想要"与活物保持联系"的需求而带来不安。[46] 克里斯多夫·皮尔逊指出在勒·柯布西耶的居住建筑中，艺术作品和其他东西一起，在建筑中扮演着"一种精心设计的拟人化存在，这种存在会……通过在读者与雕塑之间创造一种和谐的关系，而让读者与空间的关系和他们在空间中的参与度变得戏剧化"（图1.8）。[47] 同样，勒·柯布西耶会在他的建筑中采用拟人化的形式来使它对读者的心理作用达到最大化。

41　艾黎·福尔，《均衡》，摘自FLC第18页。另一位他喜爱的作者亨利·普罗文赛尔也表达过类似的意见，《未来艺术》（巴黎：Perrin，1904），FLC第54页。

42　L·M·科利，"La couleur qui cache, la couleur qui signale: l'ordonnance et la crainte dans la poétique corbuséenne des couleur"摘自《勒·柯布西耶与色彩》（巴黎：勒·柯布西耶基金会，1992），第21—34页。

43　勒·柯布西耶，《色彩键盘》摘自再版的L·M·科利《勒·柯布西耶与色彩：1 Salbura键盘》中的商业文章，Storia dell'arte，43（1981），第283页。

44　勒·柯布西耶，《柯布神父的遗嘱》，第120页。原版题为Mise au Point（巴黎：Editions Forces—Vives）。

45　勒·柯布西耶，《空间新世界》（纽约：Reynal Hitchcock，1948），第16页。

46　同上，第21页。参见N·尼格尔，《勒·柯布西耶全集中身体形象》摘自《建筑景观与都市生活》9，《勒·柯布西耶与建筑改造》（伦敦：AA出版社，2003），第16—19页。

47　C. E. M.皮尔逊，《勒·柯布西耶作品中艺术与建筑的结合》《从装饰主义到"主流艺术的综合"的理论与实践》，博士论文，斯坦福大学（1995），第140页。

图1.7 朗香教堂南墙上的窗户（1955）。

图1.8　劳伦斯的雕塑让蒙奇的斯坦恩别墅有了人的存在。加尔西摘自《勒·柯布西耶全集》。

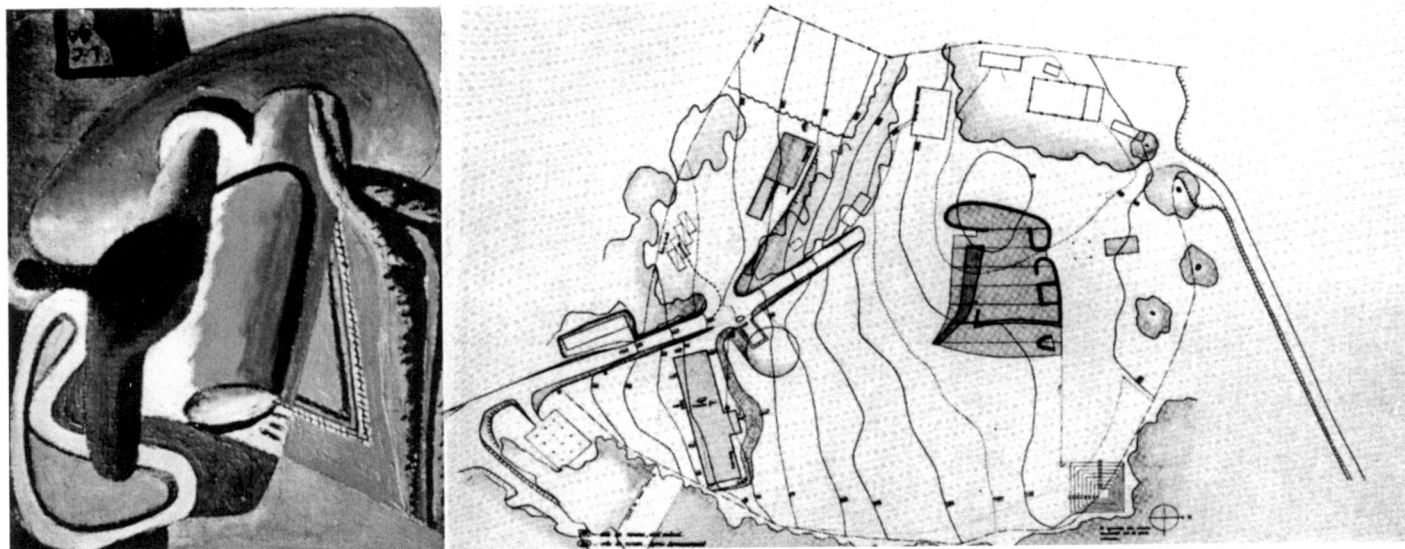

图1.9　勒·柯布西耶，《勒·柯布西耶全集》中朗香教堂（1955）的平面和他的蜡笔画《听觉形式》（纽约，1946）之间的相似性。

"我相信在物体的表皮中，就像女性的皮肤中一样"，勒·柯布西耶在《当教堂是白色的时候》[48]中写道——他的朋友陆斯恩·荷夫在他自己关于建筑师的书中再次引用了这段文字，和它并列在一起的是朗香教堂水泥砂浆喷涂的曲线，看上去非常像近距离下看到的皮肤。[49]朗香教堂是勒·柯布西耶的作品中最拟人化的建筑，它的平面（图1.9）是建立在勒·柯布西耶关于听觉形式的绘画上的，而这些画本身就是建立在对女性的研究之上的（图1.10）。它的曲线，采用非常具象的形式来唤醒感官，提醒我们触摸与被触摸的快感。[50]

人的手在勒·柯布西耶的作品中被奉若神明——他的手印是一种不容置疑的存在和认识，这种认识来自于触觉，让大脑知道如何用眼睛去感觉。他喜欢让自己进入通感的状态，勒·柯布西耶写到能够"听见"建筑"视觉比例的音乐"，[51]用"眼睛"去"品味"一个柱子或者诸如此类。在他的嘴里，他的眼睛唤醒了其他的感觉。而他的手唤醒了他的眼睛，就像他在《直角之诗》中所写的那样：

从手指间
品尝到了生活的味道
我们看到的一切
隐含于触摸中[52]

实际上，他相信"触觉是视觉的另一种形式。当它们的形式本身就是成功的时候，雕塑或者建筑是可以被抚摸的；事实上，我们的手会被它们牵着走。"[53]不光手能够感觉建筑的肌理——脚也可以。我们可以通过地板的饰面理解和感受那些沉默的层次，这是建筑漫步的本质所在。

48　勒·柯布西耶，《当教堂是白色的时候》，第14页。

49　陆斯恩·荷夫，《艺术家兼作家勒·柯布西耶》（纳沙泰尔：Editions du Grifon，1970），第28页。

50　J. Coll，《勒·柯布西耶艺术作品中的结构与游戏》，AA文件31（1996），第3—15页。

51　勒·柯布西耶，《模度2》，第148页。

52　勒·柯布西耶《直角之诗》（巴黎：Editions Connivance，1989）。第F3部分，馈赠。原版发表于1954年。

53　勒·柯布西耶，第59页。

图1.10　勒·柯布西耶，《肖像1》（1955）。

结论

　　勒·柯布西耶相信身体在知识的吸收中起着非常重要的作用，他用一系列的技巧来实现这个过程。他把他对感官体验、节奏、色彩、光和触觉的喜好融合了一起——它们每一项都有自己内在的法则——设计出了一系列能够触动内心最深处反应的空间。艾森斯坦从电影艺术的角度把这个过程称为"感官的同步"。[54]

　　在勒·柯布西耶早期的方案中，会用调节线向感官传达空间信息。[55]在他后期的作品中，模度起到了促进作用。勒·柯布西耶一直非常强调他的比例体系和身体比例、"就像声波对谐振器所起到的作用那样的"美之间的关系。[56]作为一个测时的工具，身体有它自己的节奏，而这种节奏会被勒·柯布西耶的建筑中的节奏加强和放大。光明和黑暗会给流线带来进一步的节奏，并且通过符号的力量在读者的心理上产生作用。这种经验上的共鸣会被感官刺激所阻止，而且在有些情况下，通过对恐惧的体验，阻止了读者进入核心。然而，当空间处于突出位置的时候，其中也可以穿插一些安静的片段供人恢复和调整。

54　参见艾森斯坦，《电影感觉》中《感官的同步》一章，第60—91页。
55　FLC15598表明了调节线在瑞士馆下面的区域布局中的重要性。摘自艾伦·布鲁克斯《档案第八卷》FLC15889，第289页。
56　勒·柯布西耶，《精确性》，第156页。

图2.1 费尔米尼幼儿园走廊（1959）。

2. 空间和时间引起的反应

对于勒·柯布西耶来说，时间一直是一个严肃的问题——和他父亲一样，他年轻的时候也曾经受过给表壳上珐琅的训练（图2.2）。的确，他在"柯布博物馆"中做的第一只手表有着重要的地位，从后来被破坏了的萨伏伊别墅中仍能看到它在他的作品和思想中持续的相关性。[1]

在20世纪早期，时间的本质不仅仅是艺术所关心的问题——马塞尔·杜尚的《走下楼梯的裸女》（1912）就是一个非常著名的例子——而且也受到了科学的关注。因此勒·柯布西耶用他自己的方式去争取阿尔伯特·爱因斯坦的支持也是毫不意外的。本章主要关注的是时间和空间体验的构架——从电影的角度来说——我们可以将其称为电影摄影术和漫步的引导。

透视

尽管漫步的理念最初来自于巴黎美术学院"行走"的概念[2]，但是勒·柯布西耶从透视的角度对巴黎美术学院的作品提出了批评，认为它们只能从一个固定的视点去理解。他想要创造一种可以在动态中去欣赏的空间——"当人从一个地方走到另一个地方的时候，才能感受到建筑布局是如何展开的。"[3]在早期的职业生涯中，他对田园城市运动很感兴趣，不仅是因为它让人有机会接近自然，而且还因为在穿过这些空间的时候能够欣赏到景色的变化。同时，他也成了因创造了能够鼓励人探索并能带来惊喜的曲折路线而闻名的城市规划师卡米罗·西特的崇拜者。[4]

年轻的勒·柯布西耶第一次踏上了"东方之旅"，他在雅典卫城学到了很多东西，关于几何的力量、关于柏拉图形式、关于出色的建筑的可能性，以及对于我们这次讨论来说最重要的、关于非对称的空间组织形式。[5]他非常欣赏它通往帕提农神庙的轴线序列。[6]

1 J·克格拉斯，《勒·柯布西耶，皮埃尔·让纳雷：萨伏伊别墅"明净的时光"1928—1963》（马德里：Rueda，2004）。

2 戴维·范·赞腾，《巴黎美术学院的建筑构成，从查尔斯·柏西埃到查尔斯·加缪尔》摘自亚瑟·德雷克斯勒（编写）《巴黎美术学院的建筑》（纽约：当代艺术博物馆，1977），第163页。

3 勒·柯布西耶和皮埃尔·让纳雷，《作品全集2，1929—1934》（苏黎世：建筑出版社，1995），第24页。首次出版于1935年。

4 卡米罗·西特，《根据艺术原则做出的城市规划》（伦敦：Phaidon，1965）。首次出版于1889。参见蒂姆·本顿《城市生活》，摘自《勒·柯布西耶：世纪建筑师》（伦敦：艺术委员会，1987），第201页。

5 谢尔盖·艾森斯坦本身也是雅典卫城的崇拜者之一。谢尔盖·艾森斯坦，《蒙太奇和建筑》（1937年版），《组合》，10（1989），第117页。

6 勒·柯布西耶在一张1913年的巴黎秋季通行证的笔记上提到了舒瓦西的《建筑史》，第49页，拉绍德封市图书馆，10—LC107—1038。再版于J·K·博克示迪德，《勒·柯布西耶与奥秘》（剑桥，马萨诸塞：麻省理工学院，2009），第26页。

图2.2 查尔斯·爱德华·让纳雷
（勒·柯布西耶），表壳（1906）。

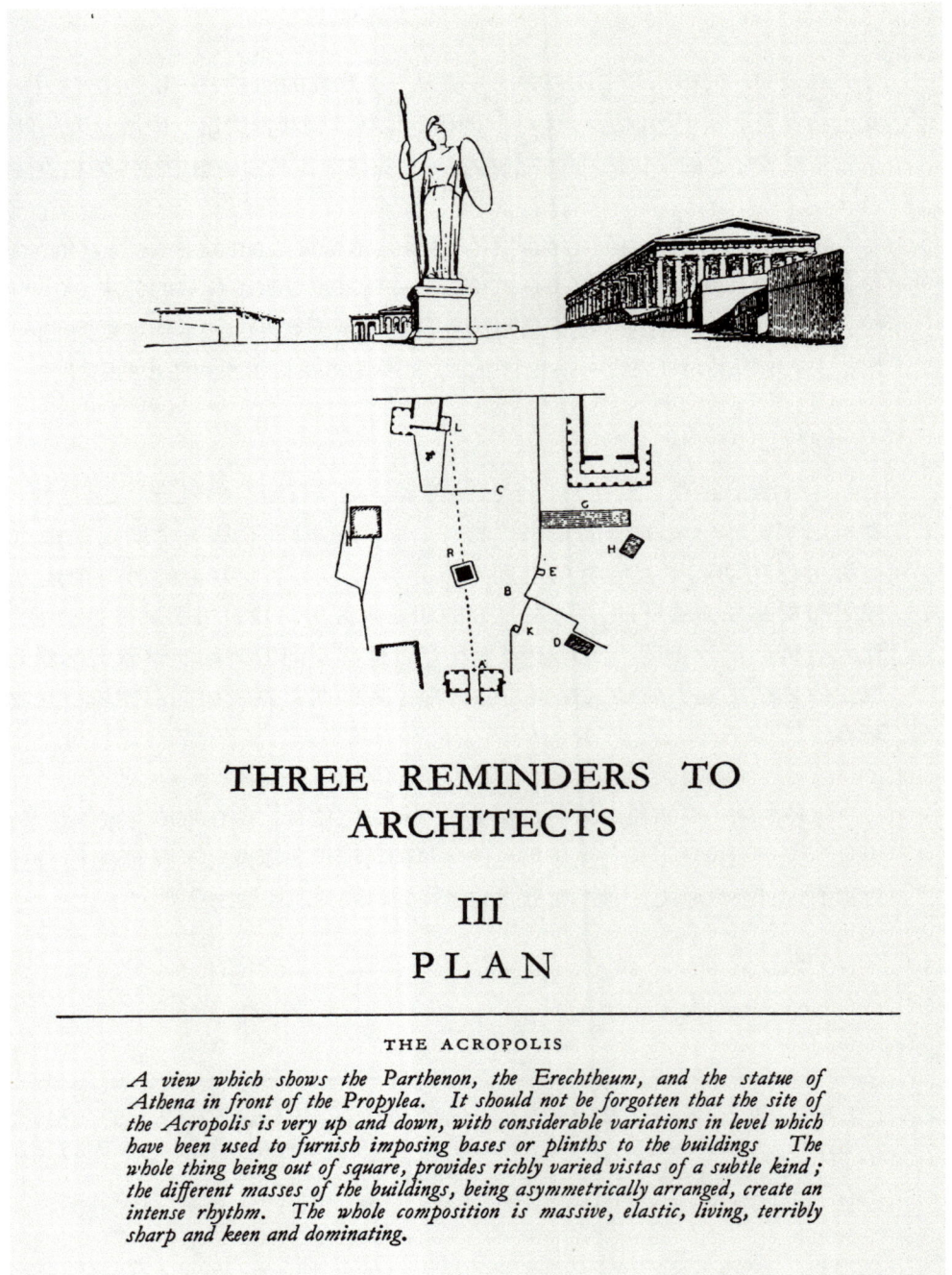

THREE REMINDERS TO
ARCHITECTS

III
PLAN

THE ACROPOLIS

*A view which shows the Parthenon, the Erechtheum, and the statue of
Athena in front of the Propylea. It should not be forgotten that the site of
the Acropolis is very up and down, with considerable variations in level which
have been used to furnish imposing bases or plinths to the buildings The
whole thing being out of square, provides richly varied vistas of a subtle kind ;
the different masses of the buildings, being asymmetrically arranged, create an
intense rhythm. The whole composition is massive, elastic, living, terribly
sharp and keen and dominating.*

图2.3 雅典卫城平面及透视，《走向新建筑》（1923）再版自奥古斯特·舒瓦西的
《建筑史》（1899）。

图2.4 "阿基塔尼亚（肯纳德·莱恩）"摘自《走向新建筑》（1923）。

　　我们不应该忘记雅典卫城的基地不断地上上下下，变化丰富的高差被用来布置雄伟的建筑基座。整个卫城不是正方形的，它带来了丰富而微妙的景色变化；不同的建筑体量是不对称布置的，形成了强烈的节奏。整个布局是庞大的、灵活的、活泼的、非常清晰而聪明的，并且非常具有统帅精神。[7]

　　从奥古斯特·舒瓦西的《建筑史》[8]中选取的一张雅典卫城的平面和透视图在《走向新建筑》中出现了两次，其中一次是和下面的文字一起出现的，所以需要加强它在漫步发展过程中的重要性（图2.3）。[9]

　　勒·柯布西耶似乎很厌恶一点透视的建筑形象。他之所以喜欢雅典卫城是因为"你能从三个方向看到"帕提农神庙和伊瑞克提翁庙。他认为"建筑根本就不应该根据轴线布置，因为这样就像很多人同时说话"。[10]一定是因为这个原因，所以他早期别墅的所有三维形象都是斜着的。然而同时，他又保留了对通向中心灭点的连续空间的喜爱。《走向新建筑》中"阿基塔尼亚（肯纳德·莱恩）"的画像提供了一个恰当的例子（图2.4）。"建筑师们注意：长长的走廊或者漫步的意义——就是让空间变得令人满意而有趣；材料必须统一"。它的优势不在于意料之外的事情所带来的惊喜，而在于穿过沿着海岸展开的矩形空间时的体验。对于艾森斯坦来说，表现从一点到另一点的蒙太奇长镜头在制造一种"庄严"感的拍摄中是非常重要的。[11]同样，长长的走廊能够形成空间的裂缝，让人能够在更好地欣赏复杂的过去和即将出现的复杂东西之间有一个喘息和理清思路的场所。

7　勒·柯布西耶，《走向新建筑》（伦敦：建筑出版社，1982），第43页。首次名为Vers une Architecture（巴黎：Crès，1923）。

8　奥古斯特·舒瓦西，《建筑史》（巴黎：Édouard Rouveyre，1899），第414—415。相关页的说明出现在博克史迪德，《勒·柯布西耶与奥秘》，第84页。

9　理查德·埃特兰，《勒·柯布西耶、舒瓦西和法国的希腊精神：新建筑研究》，《艺术通讯》LXIX，2，（1987），第264—278页。

10　勒·柯布西耶《走向新建筑》，第175页。

11　谢尔盖·艾森斯坦，《蒙太奇与建筑》，第121页。

图2.5　摘自《走向新建筑》的图（1923）。

有可能勒·柯布西耶的图纸反映了文森特·斯卡利所说的勒·柯布西耶的"单眼视力"所看到的东西。[12]"我是个独眼巨人，一个令人讨厌的玩笑"，勒·柯布西耶在谈到他一只眼睛视力的缺陷时这样写道。[13]对于尼古拉斯·福克斯·韦伯来说，这就是"为什么在勒·柯布西耶穿过新城市的信息高速公路的透视图中灭点看上去要比实际的近得多，极端的透视缩短产生了一种人为的力量和速度的形象。"（图2.5）[14]虽然勒·柯布西耶透视方法中的不连续性不能完全归结于他的生理局限，但是他对自己的判断距离上的不足的认识让他对空间的感受得到了特殊的加强。

在勒·柯布西耶想要创造多变而有刺激性的空间序列的愿望时，以及1920年代提出来的庞大而冷酷的城市平面中，都有一种并不容置疑的张力。在《走向新建筑》中有很多例子可以说明他是如何在长长的林荫大道上创造空间变化的，但是这些微小的调整对于整个方案来说基本改变不了什么东西（图2.6）。然而在《巴黎平面图》中，首层保留了几个关键的遗迹。在这里我们可以看到14世纪的圣马丁教堂，旁边是一栋"高贵的大楼"，而它的上面是"像有许多个面的水晶那样从树木中升起的写字楼"。[15]这里的城市就像是一个风景如画的花园。

轴线是柯布西耶的空间布局中的绝对中心，轴线形成的原因是与"目的"相统一的。

> 布局是轴线的逐步实现，所以也是目标的逐步实现，是对目的的分类。因此建筑师赋予他的轴线以目的地。这些端点就是墙（丰富的、感官的感受）或者是光和空间（还是感官的感受）。[16]

轴线不一定要存在于真实的空间之中，可以用游戏和幻像来创造一种虚拟的印象，也可以通过引人入胜的方式来延长轴线或者通过抑制不那么重要的东西来达到强调主轴线的目的。勒·柯布西耶对这方面的可能性了如指掌。"通过各种能够用图解表达清楚的基本元素，我可以说明平面的错觉，这种错觉会给建筑带来致命的伤害，让思想误入陷阱，变成一种建筑的骗局……"[17]他在提到庞贝悲剧诗人之家（图2.7）时这样写道：

> 所有的东西都在轴线上，但是任何一处都很难用一条真正的直线来表达，轴线所呈现出来的东西一直延伸到了那些细微的东西上，（走廊、主通道等等）它们都通过视觉上的幻像处理得非常巧妙。[18]

12　尼古拉斯·福克斯·韦伯和文森特·斯卡利的会谈，2002年8月28日。尼古拉斯·福克斯·韦伯，《勒·柯布西耶的一生》（纽约：Knopf，2008），第186页。

13　写给里特的信，勒·柯布西耶基金会（此后简称为FLC）R3—19—395到396，21.6.22，巴黎。

14　韦伯，《勒·柯布西耶》，第186—187页。

15　勒·柯布西耶和皮埃尔·让纳雷，《勒·柯布西耶全集》（第1卷·1910—1929年）（苏黎世：Girsberger，1943），第119页。首次出版于1937年。

16　勒·柯布西耶，《走向新建筑》，第173页。

17　同上，第167页。

18　同上，第175页。

LE CORBUSIER, 1920. STREETS WITH SET-BACKS

Vast airy and sunlit spaces on which all windows would open. Gardens and playgrounds around the buildings. Simple façades with immense bays. The successive projections give play of light and shade, and a feeling of richness is achieved by the scale of the main lines of the design and by the vegetation seen against the geometrical background of the façades. Obviously we have here, as in the case of the City of Towers, a question of enterprise on a huge financial scale, capable of undertaking the construction of entire quarters. A street such as this would be designed by a single architect to obtain unity, grandeur, dignity and economy.

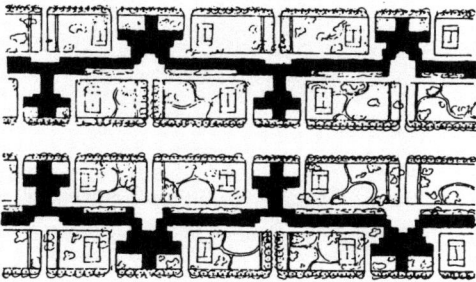

LE CORBUSIER, 1920. STREETS WITH SET-BACKS

图2.6 《走向新建筑》（1923）中现代别墅（1922）的图。

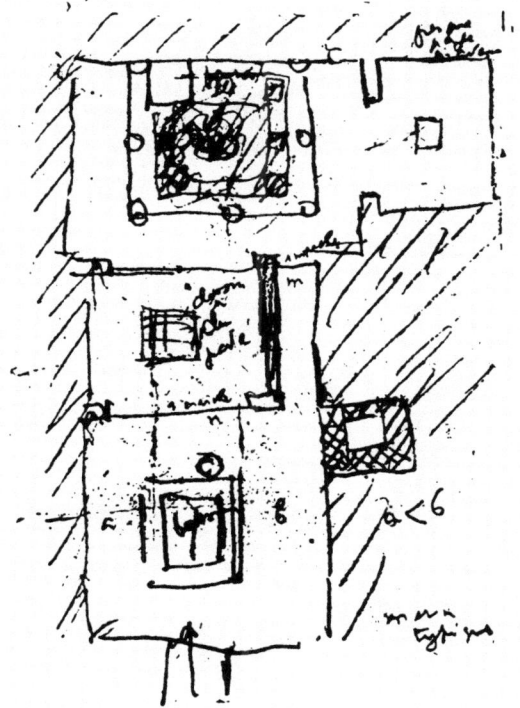

HOUSE OF THE TRAGIC POET, POMPEII

图2.7 庞贝悲剧诗人之家的草图，摘自《走向新建筑》（1923）。

图2.8 镜子在丘奇别墅（1929）的空间中形成了一种错觉，摘自《勒·柯布西耶全集》。

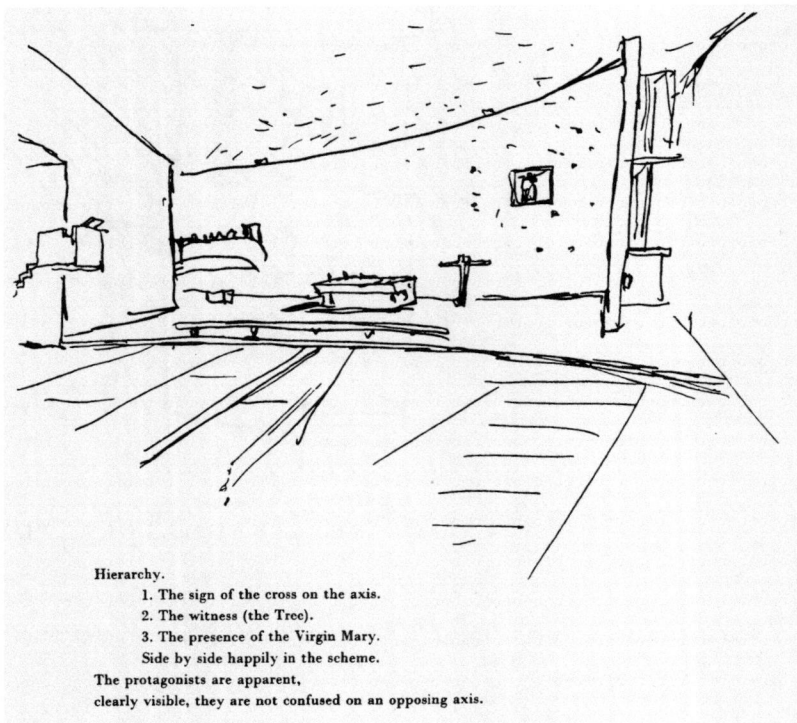

Hierarchy.
    1. The sign of the cross on the axis.
    2. The witness (the Tree).
    3. The presence of the Virgin Mary.
    Side by side happily in the scheme.
The protagonists are apparent,
clearly visible, they are not confused on an opposing axis.

图2.9 勒·柯布西耶绘制的朗香教堂（1955）祭坛的草图，摘自勒·柯布西耶，《朗香教堂》。

图2.10　厨房，萨伏伊别墅（1929）摘自勒·柯布西耶《勒·柯布西耶全集》。

视觉上的错觉在勒·柯布西耶的作品中非常普遍，例如，在丘奇别墅中，镜子被用来打破空间的边界（图2.8）。这种高度象征主义的手法带来了问题，不断地提醒读者空间的暗示和它的意义。

轴线的张力在勒·柯布西耶的作品中频繁地出现，最著名的例子就是朗香教堂祭坛的轴线和东门轴线之间的张力，这个布局给勒·柯布西耶带来了很大的麻烦和"混乱"（图2.9）。[19]《勒·柯布西耶全集》中的评论说明教堂的高潮就在顶棚的最高处，那里也是最亮的地方。通常这种情况会出现在祭坛所在的地方，这是所有教堂的焦点，但是在朗香教堂中，焦点在东门上一个与大多数基督教堂完全不同的地方。[20]两条不同的轴线和两种不同的理解之间存在着冲突。

还是一个年轻人的时候，勒·柯布西耶就已经花了很多时间去分析隐藏在文艺复兴绘画作品中的结构线，他认识到艾森斯坦所说的杜勒和莱昂纳多"根据自己的目的对不同透视和多个灭点的巧妙应用"。艾森斯坦注意到扬·凡·爱克在《阿尔诺菲尼的婚礼》（1434）中采用了三点透视，"在这幅画中能看到多么神奇的纵深感！"[21]并且指出在莱昂纳多的《最后的晚餐》中，桌子上的物体与房间的灭点是不一致的。勒·柯布西耶在萨伏伊别墅的长桌/供台上的著名的图像中玩了同样的把戏（图2.10），它们的布置方式所暗示的灭点对于房间本身来说显得有点奇怪，从而把许多东西带到问题中来。

艾森斯坦在他题为《感官的同步》的文章中把透视和音乐联系在了一起，他在文中引用了很长的一段勒内·吉耶雷把爵士乐与一种"新的审美"紧密联系在一起的话，我认为它和勒·柯布西耶的抱负很有共同点：

19　勒·柯布西耶《朗香教堂》（伦敦：建筑出版社，1957），第131—133页。也可参见弗洛拉·塞缪尔，《世俗的宣告，性在朗香教堂中的体现》，《建筑教育期刊》，53,2（1999），第74—90页。

20　同上，第74—90页。

21　谢尔盖·艾森斯坦，《电影感觉》（伦敦：Faber and Faber，1977），首次出版于1943年。

图2.11　斯坦·德·蒙奇别墅，加尔西（1928）摘自勒·柯布西耶《勒·柯布西耶全集》。

爵士追求声音的体量，乐句的体量。古典音乐是建立在平面（而不是体量）——层叠的平面——上的，形成一种有着真正高贵比例的建筑……而在爵士乐中，所有的元素都被凸显出来。在这个时期的绘画、舞台设计、电影和诗歌中都能看到这一条重要法则。传统的有着固定焦点的透视和逐渐消失的灭点被抛弃了……

换句话说，在我们的新透视中——也已经没有了透视。[22]

在爵士乐中"不同的强度、不同的色彩相互渗透，创造出了体量"。[23]而建筑如何创造体量的就不是那么清晰了。

柯林·罗和罗伯特·史拉斯基著名的论文《字面上的与现象上的透明》对漫步的发展有着明显的暗示，因为它是让它具有特殊动力的不同阶段的表现。罗和史拉斯基关于"字面上"的透明（比如说能够人透过它看到东西的窗户）与"现象上"的透明（"当画家追求对眼前在很浅的抽象空间中排成一线的物体的清楚表达时就会看到这种透明"，比如说立体派和后立体派用来支持他们论点的绘画）[24]之间的区别是非常著名的。费尔南德·莱热常常被拿来和他的朋友勒·柯布西耶作比较，尽管现象上的透明要难以达到得多，而且在建筑中比绘画中更难。[25]尽管如此，罗和史拉斯基还是在加尔西的斯坦·德·蒙奇别墅的立面纵深方向上界定了一系列的竖向平面（图2.11），一种连续的内部分层。[26]

22　勒内·吉耶雷引自《感官的同步》，摘自谢尔盖·艾森斯坦，《电影感觉》，第81页。

23　同上，第81页。

24　柯林·罗，《理想别墅中的数学》（剑桥，马萨诸塞：麻省理工学院，1976），第166页。

25　同上。

26　同上，第169页。

要理解罗和史拉斯基的意思是很困难的。是什么在这个复杂的空间视野中创造了分层中的层。在我看来，有足够的事件就能创造一个层——悬挑的阳台、立面上的凸起、出挑的凉篷、出挑的席子——它们从建筑主体往外延伸了同样距离，暗示出空间中一个垂直面的存在，"就像划分空间的刀子一样"。[27]另一个暗示的层也许是通过墙面凸出的板和百叶窗来形成的，窗棂和门框构成了立面的一层，诸如此类，一直到整个建筑。当读者穿过建筑的每一层时都会"提起注意"。这些平面的体验会建立起某种期望，而接下来勒·柯布西耶会把在"连续的起伏和诠释"以及偶尔处于优先地位的斜向视点中落实这些期望。[28]

罗和史拉斯基从竖向和水平向的平面的角度描写了勒·柯布西耶的建筑，但是空间是不是被看作一系列的体量仍有待讨论。平面和体量之间的区别直到1940年代引起大家注意，勒内·吉耶雷明确了这个区别，他将爵士空间说成是一系列"对敏感的人产生作用、唤起生理和心理反应的连续体量"，正好与古典音乐的平面化空间相反。[29]我认为在勒·柯布西耶早期作品中的平面意识要比后期的作品强得多，后者更多的是一系列相互叠加的体量。

框架

相对于连续的平面或者体量而言，也许更好的思考漫步的方式是从框架——有深度的平面——这个角度去看。勒·柯布西耶一直从框架的角度进行思考，用框架来安置人、用框架来界定视野、用框架放置他特殊的收藏、用框架来存储实用的东西、用框架把室内延伸到环境中并把自然的影响带到室内来。这些框架，通常是与模度成比例的，可以是实的、半透明的也可以是虚的——"一种只可意会不可言传，但是能够通过形式彼此间的某种关系而表现出来的思想"。[30]对于勒·柯布西耶来说，框架的创造为强调和突出他对空间的独到见解提供了机会。在柯林·罗看来，"用表面掌控深度、把空间的凹度压缩到平面中、在丰满和扁平的二元对立之间最好地展示它雄辩的能力，绝对是勒·柯布西耶后期风格中最明显的标志。"[31]

勒·柯布西耶的框架可以是充分强调或者细致入微的。厚重的框架在空间中形成了一种完全的停顿，形成一种事件或者仪式。细小的框架则会形成空间的流动——在框架和被框定的东西之间形成一种统一。可以用框架的削角或内沿制造错觉。而且，对于这个问题来说，最重要的是被勒·柯

27　柯林·罗，《理想别墅中的数学》，第175页。
28　同上，第170页。
29　勒内·吉耶雷引自《感官的同步》，第75页。
30　勒·柯布西耶，《走向新建筑》，第187页。
31　柯林·罗，《理想别墅中的数学》，第196页。

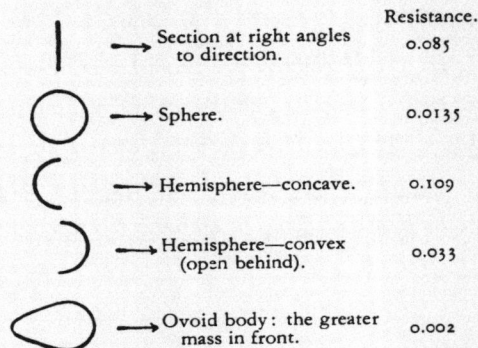

图2.12 《走向新建筑》（1923）中说明特定形式的空气阻力的图解。

布西耶称为"来回运动"的空洞和凸起，[32]动态的元素对于漫步来说是非常关键的。假的直角能形成变化和神秘感。[33]也许正是出于这个原因，他才如此关注自己的绘画和书的封面的框。

在他后期的作品中，经常会用绘画，尤其是壁画，来消除墙体，形成一种非传统的现实，在之前单一的空间中创造一种突变和惊喜。它们代表着非传统的进入想象世界的漫步，让人对实际空间的认识变得更加丰富。除了为普通的平面增加一个焦点之外，通过框架的引导形成了一个空间转换和意义游戏的对照点，这是勒·柯布西耶的建筑中非常明显的一个特征。耶日·索尔坦轻蔑地写道：在"柯布时代之后"，"所有透空、所有洞口都开始戴上了妙不可言的空间[34]的光环"，却并没有真正理解它的意义。从这句话中可以推断出勒·柯布西耶和他的助手之间一定曾讨论过妙不可言的空间的框架这个问题，而他作品中的框架和透空是有一定意图的。

阻力

在《走向新建筑》中，勒·柯布西耶提供了一张展示不同形状的横剖面所产生的空气阻力数据的插图（图2.12）。这幅图是和汽车剪报一起出现的，是空气动力学和最佳减速形状之间的一种协调。[35]虽然有点过时，但是从这幅简图中我们可以弄清一件事情，那就是凹形的表面会产生最大的空气阻力、最大的惯性，紧跟其后的是平整的表面。"最具穿透力的圆锥形"是"前部较大的""梨形物

32　勒·柯布西耶，《精确性》（剑桥，马萨诸塞：麻省理工学院，1991）。原书名为Précision sur un état présent de l'architecture et de l'urbanisme（巴黎：Crès，1930），第73页。

33　例子参见柯林·罗，《理想别墅中的数学》中的《拉图雷特》，第192页。

34　耶日·索尔坦，《与勒·柯布西耶一起工作》摘自艾伦·布鲁克斯《档案第十七卷》，第9—24页（第14页）。

35　关于速度自然性的讨论可以参见恩达·杜福特，《速度手册：速率、愉悦、现代主义》（杜克大学出版社，2009）．

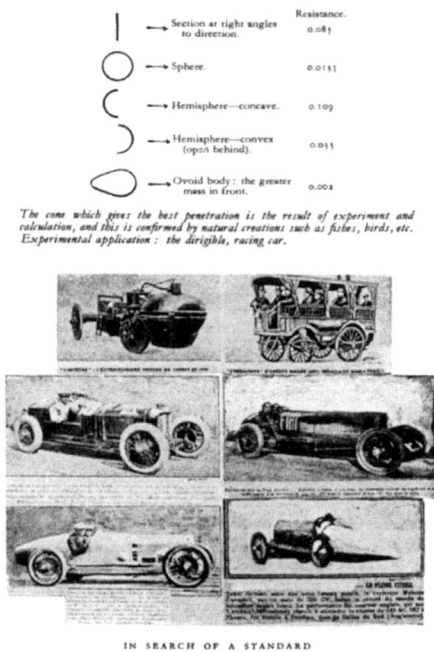

图2.13 《走向新建筑》（1923）中关于空气阻力的图解。

体"，这个发现在"鱼类、鸟类等自然物种"中得到了证实。[36]这幅简图出现在一个帕提农神庙门廊的细部特写的对页上，这个门用许多明确的方式把锥体和柱子联系在了一起（图2.13）。我认为勒·柯布西耶故意利用这个信息在他的建筑中开辟出阻力最小的路径，尽管看上去似乎完全是凭直觉在做。

这与关于底层架空柱或者柱子的讨论有着特殊的联系，后者是勒·柯布西耶塑造空间的重要工具之一。对于罗来说，圆形的剖面"试图把分隔物从柱子中赶走"，这就意味着它不能起到描述结构构件的作用。它"把空间中水平运动的障碍降到了最低"并且"努力让空间在它的周围流动起来"。[37]其他形式的底层架空柱被用来引发或者抑制空间的流动感。

在《走向新建筑》中比较靠后的部分，勒·柯布西耶认识到了形式比较"密集"的环境的重要性——这里要注意我们正在从科学的"阻力"转向一些更加主观的东西。一种形状如果没有被什么东西围绕就会显得比较密集。在这里无论材料还是形式都会起到作用："然后就会有一种密集感。无论是用眼睛看还是用脑子想，大理石的密度都会比木头大，等等。你总是有分级的。"[38]这里还有对勒·柯布西耶和奥占方通过他们的纯粹主义绘画所表达出来的关注的回应，我们很容易从他们绘画主题中发现他们对更明显的形式的潜力的挖掘（图1.6）。色彩会增强这种效果："浅绿色或者白色

36　勒·柯布西耶，《走向新建筑》，第136页。
37　柯林·罗，《理想别墅中的数学》，第145页。
38　勒·柯布西耶，《走向新建筑》，第177页。

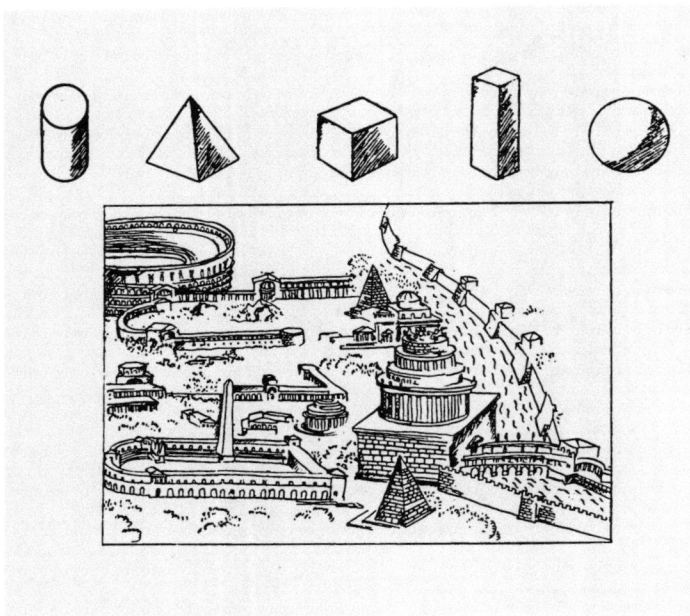

图2.14 "简单的体量"摘自《走向新建筑》。

图2.15 引人入胜的空间。马赛公寓幼儿园中的坡道 （1952），摘自《幼儿园》。

与褐色放在一起会对体量（重量）起到抑制作用，并且放大表面的效果（延伸感）。"所有这些都会带有非常强大的"心理力量"和"强烈的激情"。[39]"空间、距离和形式，室内空间和外部形式，室内流线和外部形式以及室外空间——数量、重量、距离、氛围，我们要处理的就是这些东西。"[40]

在整个充满戏剧性的结构中，一部分的漫步片段的设计是为了让读者能够停下来想一想。这些地方通常采用方形，这个方形有时候是通过地板面层或者头顶上梁的网格的变化来表现出来的。勒·柯布西耶意识到某些形式有特殊的吸引力（图2.14）并且能够赋予空间一种神圣感。

静态空间的必然结果就是形成引人入胜的空间——也就是能够激发运动的空间（图2.15）。通常来说视线、远光和透明度能够吸引人继续向前。结构线的方向，比如说顶棚上的梁，会引导视线往上看。引人入胜的空间也许并不总是一个令人愉快的空间，就像它的不确定性、冰冷的材料和没有照明都会让人急于离开。

勒·柯布西耶喜欢有限的几种结构类型，其中每一种对于漫步的展开来说都有重要的影响。"从一开始平面就暗示了施工的方法。"[41]寿命最长的系统就是多米诺框架，它在1914年第一次进入

---

39 勒·柯布西耶和皮埃尔·让纳雷，《勒·柯布西耶全集》（第1卷），第85页。
40 勒·柯布西耶，《精确性》，第71页。
41 勒·柯布西耶，《走向新建筑》，第166页。

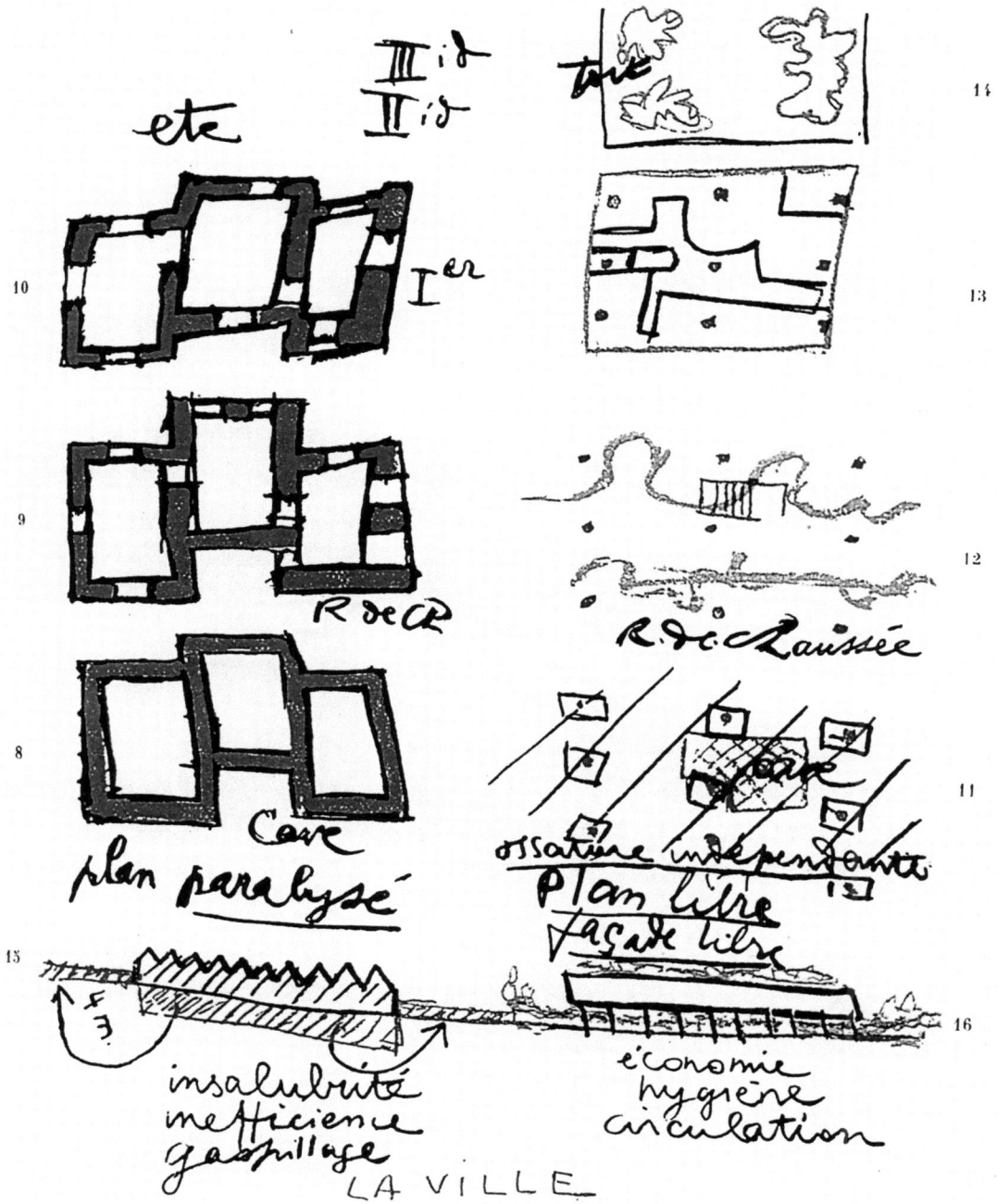

图2.16 《精确性》中的草图说明了多米诺框架的好处。

他的作品（图2.16）。[42]在这里一个简单的双跑楼梯和纤细的柱子把一块楼板，一块地板和一个屋顶花园联系在一起。立面和墙体放弃了它们之前结构作用，可以根据建筑师的意愿灵活布置。柯林·罗把多米诺大厦和之后的萨伏伊别墅称为"冲破束缚"的象征，暗示着"社会的解放"。[43]它的发展构成了勒·柯布西耶倡导"新建筑五点"——底层架空柱、水平窗、自由立面、自由平面和屋顶花园的理论基础，本次讨论中将分别触及其各个方面。[44]自由平面是那些想要把空间的组合发挥到极致的建筑师梦寐以求的东西。用耶日·索尔坦的话说，这个"神圣的柯布西耶原则""在很多别的作品中均有所表现……"[45]

时间和行进

当然，所有这些都暗示了时间这种对实体来说最具抵抗力和最不利的因素。[46]一天24小时的示意图（图1.5）被设计成一种表现自然节奏的"测量工具"，并同时描述事物在空间中的尺度。这张示意图与勒·柯布西耶喜爱的另一条法则有着密切的关系，那就是与一天24小时的示意图旋转90°以后的图形特别像的曲线（图2.17）。它描述了一条河流在岁月的侵蚀中走过的路，曲线的弧度很大，所以河流穿过它们后重新回到直线的路上。这幅示意图似乎与年轻的勒·柯布西耶在他的"东方之旅"中非常喜爱的由驴（和女人）所界定的飘忽不定的路线有着某种关系。这里想要透露的信息是在这个非常本能的漫步方式中有着潜在的方法。[47]在《明日之城市》中，他比较了人们"因为有一个明确的目标"而选择的直达固定目的地的直线路径和沿着曲折的道路，一会儿想一想，一会儿要躲避地上的坑，顺着斜坡寻找一小片树荫的驴子所走的路（图2.18）。[48]这是在经过对直角的反思之后进行的，这对于勒·柯布西耶来说代表着两种不同的模式——水平的和垂直的。这两种形式都是一个渐进过程，这种想法是很有必要的，人的直线和驴的曲线，非常吻合勒·柯布西耶关于渐进系统的思考。[49]

《勒·柯布西耶全集》（第3卷）中有一幅题为"浅滩的调解"的图解是非常具有指导意义的，因为它代表了勒·柯布西耶在旁边的文字中描述的对演变的看法。这里有一条用蓝色铅笔画的弯弯曲曲的线代表着研究和个体的探索。另一条和它相似的红色的线象征着"优先的、或大或小的、集体的行为；合作、协同、热情、神圣的谵妄……"（图2.19）。[50]发现与渐进的过程是一个从个体到集

42 关于多米诺框架可能的起源的讨论可以参见威廉·柯蒂斯，《勒·柯布西耶：思想与形式》（牛津：Phaidon，1986），第42页。

43 柯林·罗，《有着良好意图的建筑》（伦敦：学院版，1994），第57页。不能用同样的话来描述它在现代办公楼中的应用。

44 勒·柯布西耶和皮埃尔·让纳雷，《勒·柯布西耶全集》（第1卷），第128—129页。

45 索尔坦，《与勒·柯布西耶一起工作》，第16页。

46 关于空间和时间关系的讨论可以参见尤哈尼·帕拉斯玛，《肌肤之眼》（伦敦：Wiley，2005），第21页。

47 关于他对女性态度的例子可以参见弗洛拉·塞缪尔，《勒·柯布西耶：建筑师和女权主义者》（伦敦：Wiley/Academy，2004）。

48 关于勒·柯布西耶作品中曲折的行进路线的讨论可以参见斯坦尼斯劳斯·冯·穆斯，《曲折的旅程》摘自斯坦尼斯劳斯·冯·穆斯和亚瑟·鲁格（编写），《勒·柯布西耶之前的勒·柯布西耶》（耶鲁：纽黑文，2002），第23—53页。

49 勒·柯布西耶，《明日之城市》（伦敦：建筑出版社，1987），第3页和第13页。原书名为Urbanisme（巴黎：Editions Arthaud，1925）。

50 勒·柯布西耶，《浅滩的调解》摘自勒·柯布西耶和皮埃尔·让纳雷，《勒·柯布西耶全集》（第3卷·1934—1938年）（苏黎世：建筑出版社，1995），第16、24页。首次出版于1938年。

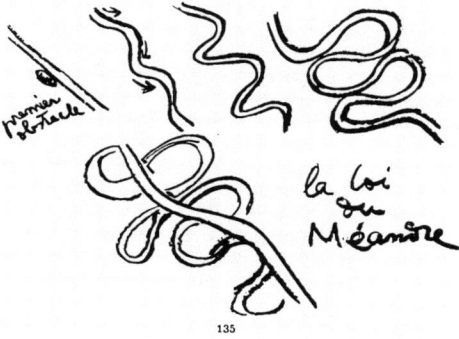

图2.17 《精确性》中的曲线法则。

图2.18 《阿尔及尔的诗》中关于驴的草图（1950）。

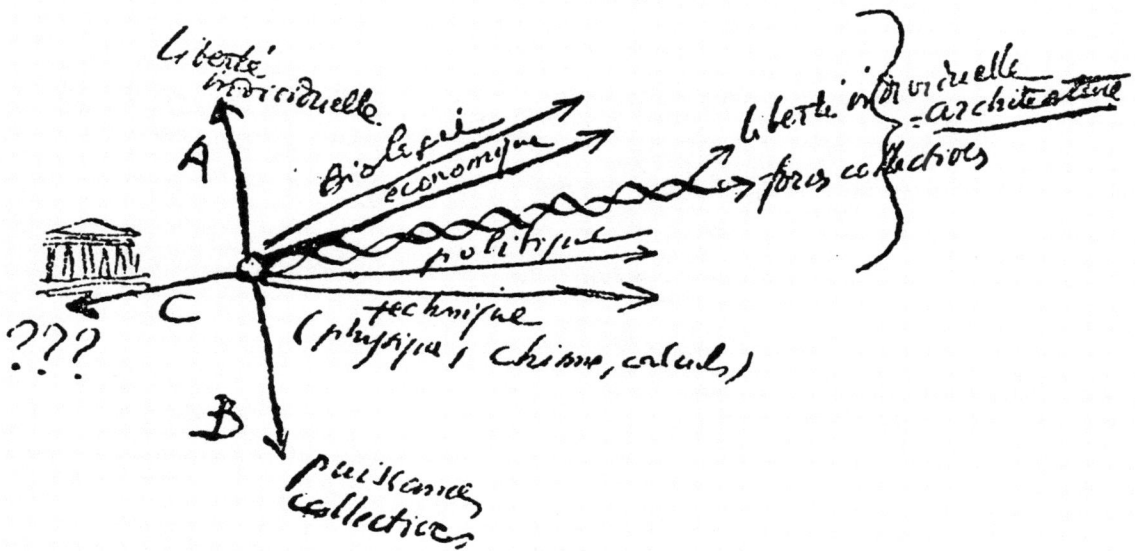

图2.19 《勒·柯布西耶全集》中的螺旋式演变。

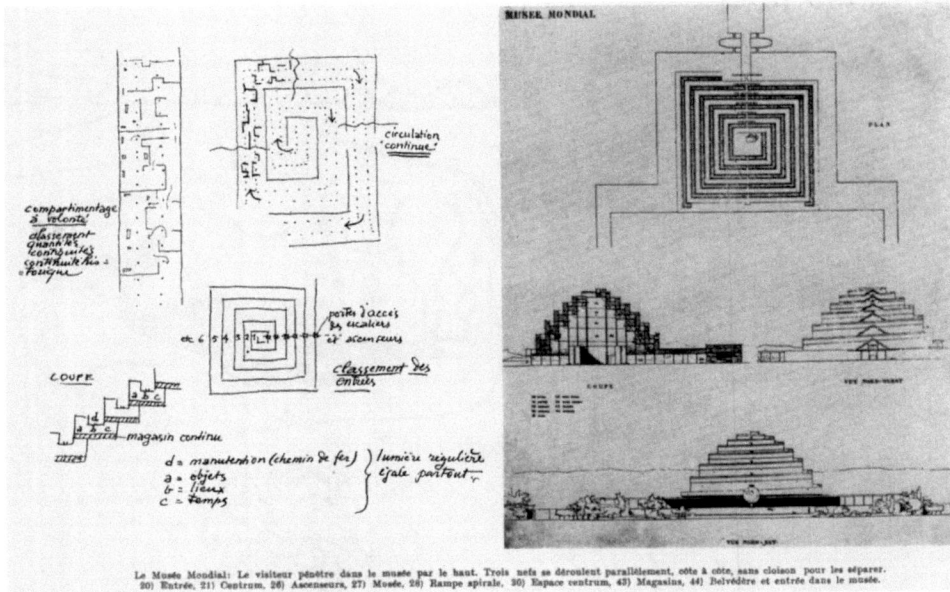

图2.20 蒙特利尔博物馆（1929），《勒·柯布西耶全集》中一个早期的螺旋形博物馆项目。

体然后再返回到个体的螺旋式上升形式，就像螺旋形的红线在朗香教堂中装饰在礼仪性的门内侧的一双祈求的手中达到了顶点一样。它也为勒·柯布西耶职业生涯中反复出现的知识博物馆的方形螺旋形式打下了基础（图2.20）。[51]研究和开始从来都不会是一条直线的。必须克服各种陷阱和挫折，[52]但是，"人们一直鼓舞自己，尽可能爬得更高。"[53]

在家庭环境中，漫步毫无疑问是不断穿越的过程。开始的部分，就像在勒·柯布西耶头脑中根深蒂固的螺旋形视野的演变过程一样，是一个不断反复的过程。每次漫步的体验——不同的照明情况、一年中不同的时间、不同的意识框架——都会建起持久的影响、把它对理解居住的信息镌刻在居住者的潜意识中。

在这里，把生活看作一个迷宫的想法就开始起作用了（图2.21）。勒·柯布西耶对代达罗斯根据埃及人的数字法则建造的特修斯迷宫非常着迷。[54]他应该非常了解中世纪的学徒建设者的想法，他们会用地板上和墙上的迷宫来体现他们在几何学上的特长。[55]他自己的建筑在某种程度上就是这个过程的副本。对于安东尼·莫里斯——一个当代的学徒——来说，"炼金术的迷宫就是饱含着不确定性和欺骗的生活的写照"——迷宫，就像是没有尽头的博物馆一样，是通往知识之路的象征。[56]

---

51 勒·柯布西耶和皮埃尔·让纳雷，《勒·柯布西耶全集》（第3卷），第46页。

52 螺旋形在他绘画作品中的重要应用可以参见勒·柯布西耶，《自然静物几何》（1930）。也可参见安东尼·莫里斯，《勒·柯布西耶，博物馆方案和螺旋形平面》，escape.library.uq.edu.au/eserv/.../Anthony_Moulis_Le_Corbusier.pdf，2009年12月30日。

53 勒·柯布西耶，《当教堂是白色的时候》，第65页。

54 安德烈·纪德，《特修斯》（巴黎：Gallimard，1946），第62页。1915年，勒·柯布西耶饶有兴趣地读完了安德烈·纪德的《特修斯》。勒·柯布西耶，《速写本第四卷》，草图62。

55 安东尼·莫里斯，《木匠史》（巴黎：Librairie Gründ，1949），摘自FLC。

56 "Le labyrithe alchimiste est l'image de la vie avec ses incertitudes et ses deceptions." 莫里斯，《木匠史》，第73页，摘自FLC。

图2.21　　"迷宫"，摘自《直角之诗》（1955）。

　　罗对加尔西的斯坦·德·蒙奇别墅进行了详细的研究，"那里有一种关于等级化理想的主张；也有与之对立的平等的立场。"[57]同时，我想说，在等级化的漫步建筑和没有等级的细节的使用之间是存在着一种冲突的。当你穿越建筑的时候，感受不到在创造力、复杂性或者材料的丰富程度上有一个逐渐加强的过程。事实正好相反，大量的精力被花在入口和与之相关的空间的设计上。同样的张力也表现在《直角之诗》中顶天立地的圣像屏上，尽管它长得像树一样的形式暗示着一种正好相反的理解。这里有一个在他的作品中非常有特点的循环的必备条件的例子（图2.22）。圣像屏底部最后一个方块表现了握着炭笔的勒·柯布西耶的手。这对于他来说就是"答案和指导"[58]，既是开始又是结束，在把它弄黑的同时还忙于挖掘炼金术的致黑技术的可能性，一颗钻石呼之欲出。用炭笔画的十字与最上面那个方块中的罗盘相呼应，在垂直方向上往天堂延伸。这里有两条路线，像一天中的24小时那张示意图一样循环出现。因格纳斯·德·索拉—摩莱尔斯对漫步的解释是："用线性的视

57　柯林·罗，《理想别墅中的数学》，第12页。

58　勒·柯布西耶，《直角之诗》（巴黎：Editions Connivance，1989），第G3部分，"工具"。首次出版于1955年。

点组织时间。"[59]这当然是正确的，但是它是一条单行线么？这样的悖论在勒·柯布西耶的作品和对其效能的贡献中是必不可少的。

结论

漫步就像是一个关于生活和它的可能性的寓言，它包含了勒·柯布西耶对演变和渐进的看法，不断地让生活变得更加充实。他归纳了一些能够强化在他作品中的空间和时间的体验的技巧。其中包括透视、轴线、框架以及能够创造流动感或者阻力、改变行进方向的特殊形式的应用。

何塞普·克格拉斯发现"连续的、线性的时间形式，就像日历和叙事的时间那样，是无法记录所有建筑方案中出现的没有节奏的事件，弯弯曲曲的路线、多个方向的混乱、充满了自责和安全、往后的跳跃和充满吸引力的预言的"。[60]但是勒·柯布西耶自己专门写到了漫步的编排，似乎它是有一定的时间顺序的。在勒·柯布西耶的作品中有连续的时间推动力，但是他对这种动力采取的是游戏的态度，一有机会就会颠覆它。

59　因格纳斯·德·索拉—摩莱尔斯，《区别：当代建筑中的地形学》（剑桥，马萨诸塞：麻省理工学院，1997），第68页。我很感谢杰里米·蒂尔改变了我的看法。
60　何塞普·克格拉斯，《勒·柯布西耶》，第66页。

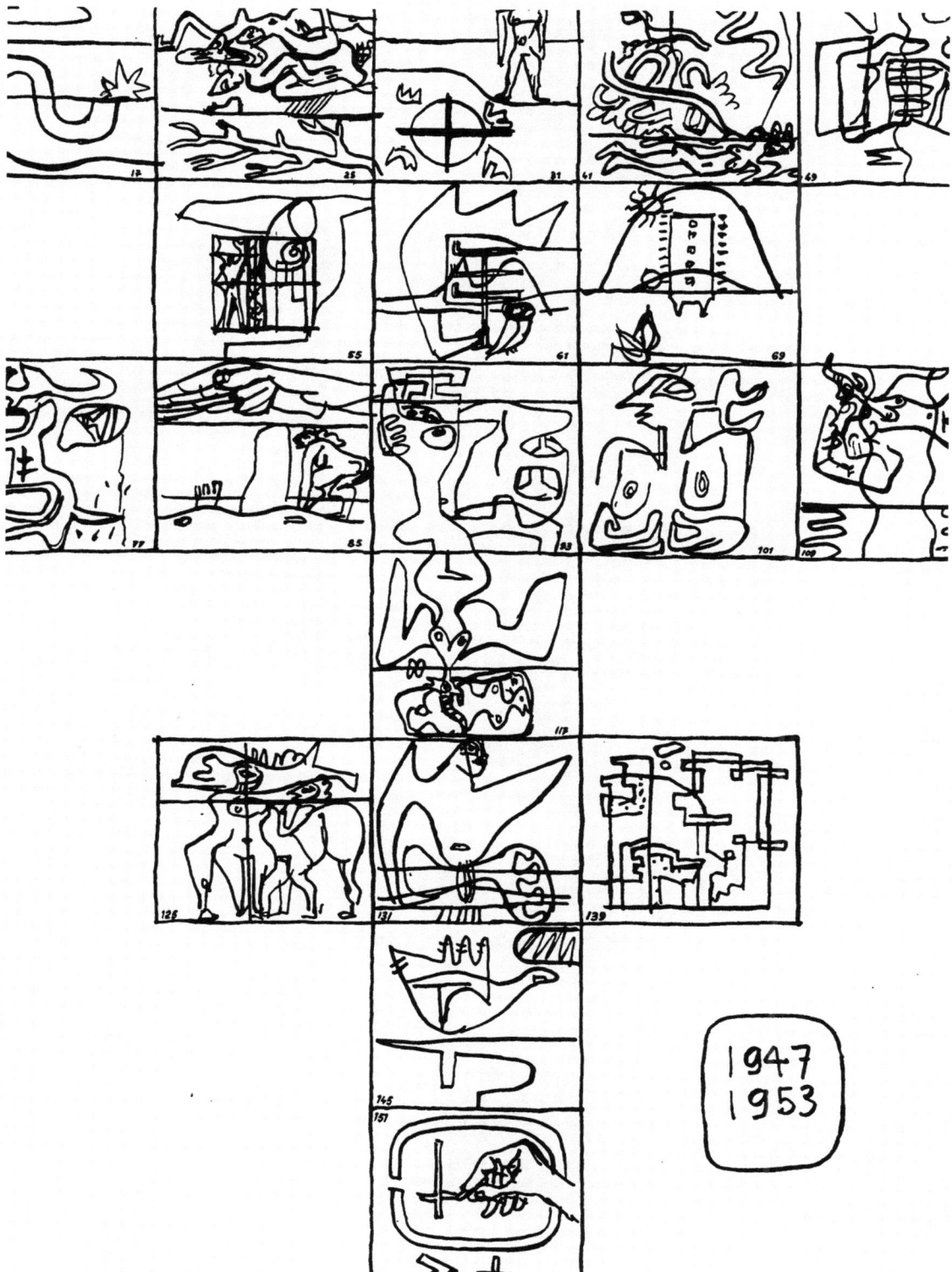

图2.22　圣像屏，摘自《直角之诗》（1955）。

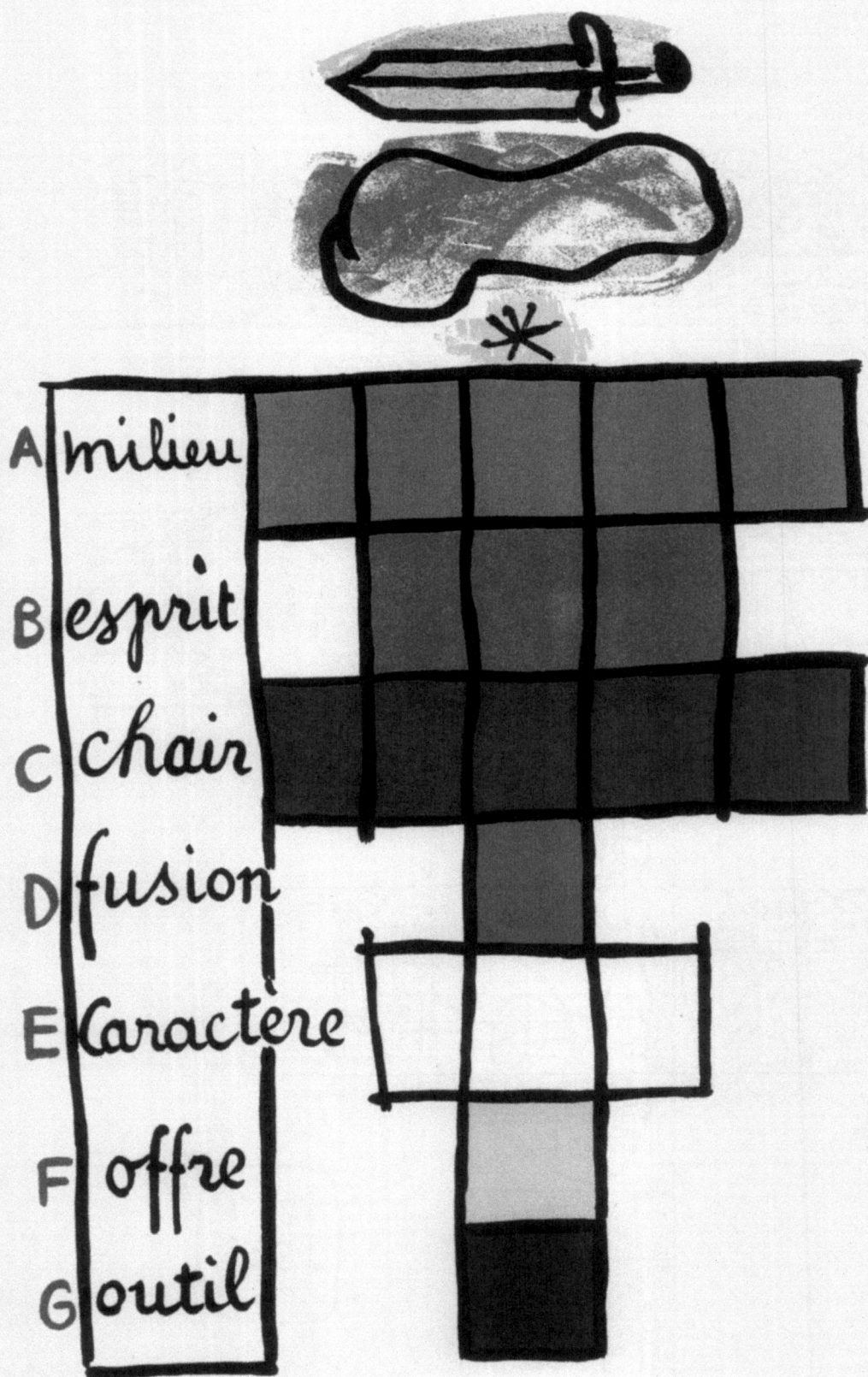

图3.1　"迷宫"，摘自《直角之诗》（1955）。

3. 分类开始

但是我只允许用"独立的词"写一首诗。我想要一首有着明确含义和清楚句法的实词写成的诗。[1]

在他早期的职业生涯中,勒·柯布西耶对成组的"能够让人产生诗意的反应的物体"有着一种分析和组织"热情"。[2]这些东西往往一开始是完全不相干的,会被巧妙地布置在住宅的周围以召唤勒·柯布西耶年轻时候参观过的庞贝别墅中的家庭守护神。

*分组的技巧*在一定程度上是一种对过去的、外来的和现在的考虑的现代敏感性的表现,从而了解这些"系列",创造时间和空间的"统一性",在人类体现自身存在的东西上渲染出激动人心的画面。[3]

在这里他用斜体字"分组的技巧"来强调一种特殊方法的存在,我认为,这种方法有着对漫步发展的暗示,它本身就是一种分组的体验[4]——"你对事物进行区分并按照等级进行排列,你赋予它们目的"。[5]最后一章主要关注的是时间和空间、电影术语的角度、漫步编排中的框架体验。本章的重点是叙事和组织方式——属于编辑和编剧的工作内容。它会描述隐藏在从黑暗到光明的初始路线后面的想法,这条路线在勒·柯布西耶的作品中是非常突出的。这些内容从对修辞工具毫无感情的应用、通过蒙太奇和超现实主义的技巧到像俄耳浦斯的信条中所描述的那种更加神秘的秩序版本。

博物馆或者美术馆馆长的任务就是明确展览的目的。[6]然后,为了让这个看法实现,他或她需要制定一套规则或者一种能够确定展品秩序和范围的方法。"博物馆是一个近期的产物,之前是没有的。在它们有倾向性的不连贯性中,博物馆没有给出任何范例;它们只能提供判断的元素",勒·柯布西耶这样写道。[7]关于这一点,他的朋友马克思·比尔在设计了备受争议的摇滚车库展馆

---

1 "东方建筑在哪里?"摘自勒·柯布西耶和皮埃尔·让纳雷,《一系列,建筑词典》,n. d.引自蒂姆·本顿,《勒·柯布西耶的别墅1920—1930》,(伦敦:耶鲁,1987),第192页。

2 同上,第70页。

3 勒·柯布西耶和皮埃尔·让纳雷,《勒·柯布西耶全集》(第3卷·1934—1938)(苏黎世:建筑出版社,1995),第157页。首次出版于1938年。

4 勒·柯布西耶和皮埃尔·让纳雷,《勒·柯布西耶全集》(第1卷·1910—1929)(苏黎世:Girsberger,1943),第52页。首次出版于1937年。

5 勒·柯布西耶与罗伯特·马里特的谈话,1951(节选自Entretiens。勒·柯布西耶,INA档案,盒式录像带,Diaklée/INA,1987)摘自吉尔斯·拉高特和马塞尔德·迪昂,《勒·柯布西耶在法国:实施项目》(巴黎:Le Moniteur,1997),第175页。引自卡洛琳·马尼亚克,《勒·柯布西耶与雅乌尔住宅》(纽约:普林斯顿大学出版社,2009),第25页。

6 关于建筑策展的讨论可以参见让-路易斯·科恩,《好出风头的修正主义:建筑历史大曝光》,《建筑史学家社团期刊》58,1999年第3期。也可参见迪安·萨德奇、艾德里安·福迪、舒蒙·巴萨、彼得·卡楚拉·施马尔、尼克·巴雷、简·托马斯,《建筑表现。新的讨论:意识形态、技巧、策展》(伦敦:设计博物馆,2008),第41—74页。

7 勒·柯布西耶,《今日之装饰艺术》(伦敦:建筑出版社,1987),第13页。原书名为L'Art decoratif d'aujourd'hui(巴黎:Crès,1925)。

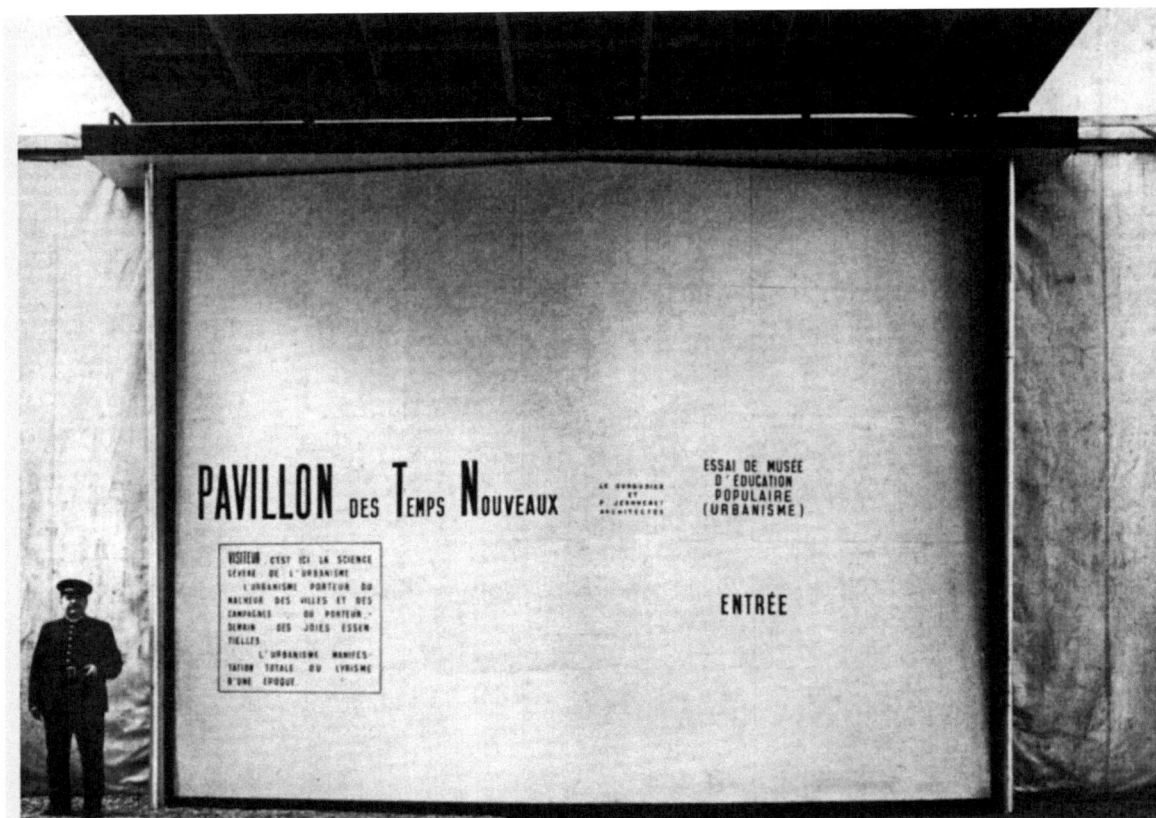

La porte d'entrée de 30 m² (plan en forme de lentille pivotant sur son axe médian)

La porte ouverte

图3.2　摇滚车库展馆入口（1937），摘自《勒·柯布西耶全集》。

（1937）的《勒·柯布西耶全集》中写道，"毫无阻碍地走向不朽的""一个具有挑战性的文化宣传机构"。[8]勒·柯布西耶所有其他的展览都犯了类似的错误。如果没有"统一性"或者一个"伟大的、占据主导地位的想法"，它们是"不会拥有永恒的意义的"。[9]这个项目中重要的考虑是"各种建筑漫步的管理、对比体量的创造"和"拓宽为大量人流设计的路线……以保证私密的或者纪念

8　勒·柯布西耶和皮埃尔·让纳雷，《勒·柯布西耶全集》（第3卷），第12页。
9　同上，第11页。

图3.3　摇滚车库展馆出口（1937），摘自《勒·柯布西耶全集》。

性的不同视线的连续性"（图3.2）。[10]在通过主要大厅的出口，读者会看到下面这句带有挑衅意味的话："这个展馆是献给那些能理解、判断并且还会再来的人的"（图3.3）。[11]

对于勒·柯布西耶来说，"真正的博物馆是包罗万象的，它应该能够展示过去岁月的全景"。博物馆只有包罗万象才能"真正变成是可信赖的和诚实的……它的意义存在于它所提供的选择，无论是接受还是拒绝；它能让人知其然而且知其所以然，能够成为激励他们进步的东西。这样的博物馆目前还不存在。"[12]勒·柯布西耶知道通过表现一套经过选择的图像或者实物能够实现这个目的，而他正在创造某种特殊的存在。而且，如果他所说的目标中有一个能够起到帮助别人理解的作用，那它就会遵循他布置的展品必须从属于明确的导则。而且只要可能的话，漫步中体验到的事件和艺术品都必须根据这个目的确定布置的原则。

修辞

修辞是勒·柯布西耶用来建立他在他的讲座中所提出的观点的工具。他用它来说服听众接纳他的思维方式，就像蒂姆·本顿在《勒·柯布西耶和现代主义修辞》中所证明的那样。[13]修辞有一套清楚的原则。按照亚里士多德的说法，哲学家追求的是建立在某些前提下的、遵循严格逻辑法则，并且基本上能够与接下来的阶段一致的真理。[14]

a.　开端——阐述

b.　叙述——展开

c.　命题——合计

d.　论证——论证

e.　结论——结论[15]

10　勒·柯布西耶和皮埃尔·让纳雷，《勒·柯布西耶全集》（第3卷），第160页。

11　同上，第169页。

12　勒·柯布西耶，《今日装饰艺术》，第13页。

13　蒂姆·本顿，《勒·柯布西耶和现代主义修辞》（巴黎：Editions le Moniteur，2007），第26页。英语版《勒·柯布西耶和现代主义修辞》（巴塞尔、波士顿、柏林：Birkhäuser，2009）。

14　亚里士多德，《诗意》（c.4bc）马尔科姆·希斯译（伦敦：Penguin，1996）。

15　J·H·弗里斯，《亚里士多德，修辞的艺术》（伦敦：勒布古典图书馆，1926）。

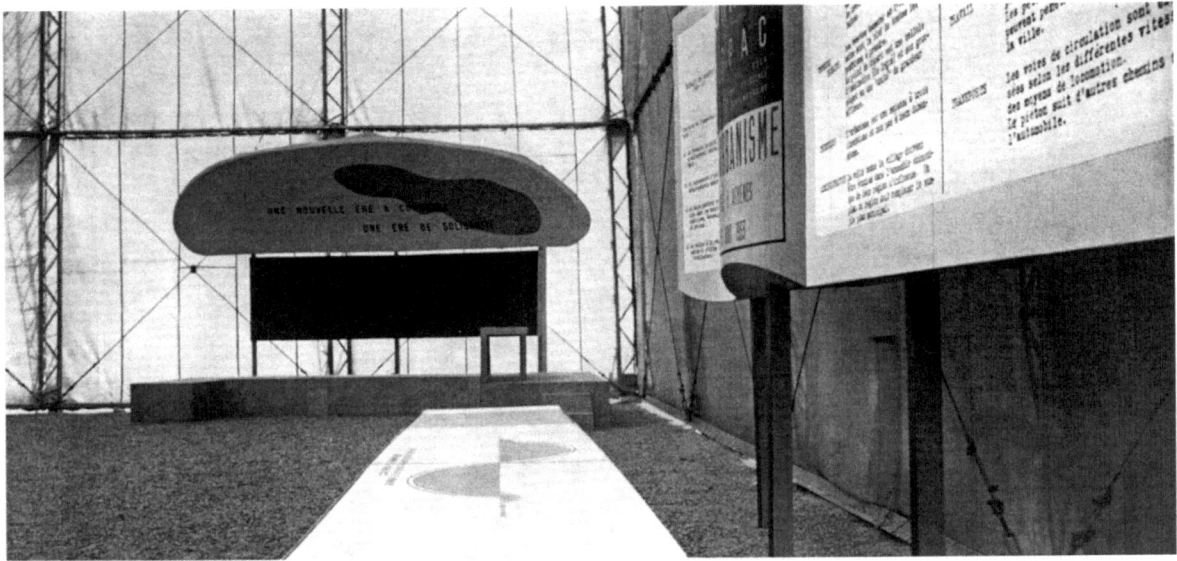

图3.4 摇滚车库展馆中的"讲坛和声音屏"（1937），摘自《勒·柯布西耶全集》。

根据演讲人对观众理解水平的判断，可以采取不同的修辞手法。[16]非专业的听众很难跟随讨论的基本方法——实际上，用听众无法理解或者不能完全理解的论证方法是毫无意义的。在这种情况下，可以用逻辑来增强说服力。

本顿阐述了勒·柯布西耶喜欢通过微妙而"有倾向性的"游戏来获取听众的同情。[17]简单地说，他的策略就是让他的听众高兴，把他们带到合适的位置（开端），在开始大肆批判他们的国家、建筑和生活方式之前（叙述）以及在接下来用他自己的理论给出一个解决办法之前（命题），会给出具体的、看似非常抽象的例子（论证），并且通常会以他自己的作品为结束（结论）。[18]勒·柯布西耶自己很清楚他所谓的"令人瞠目结舌的逻辑交叉"是什么，就好像他很清楚它们天生的缺陷，这些跳跃注定就像是魔术师的挡板一样掩人耳目的。[19]

想要对他的听众的接受程度做出判断对于勒·柯布西耶来说并不是什么新鲜，他在一个不变的基础上形成了对这样的事情的一个有计划的决定。正如我将要提到的那样，如果勒·柯布西耶的修辞手法和用他所谓的"实词"[20]表达的漫步的结构之间有联系的话，那么这个漫步一定是针对某个特定的群体来编排或者在各个不同层面都能讲得通的。

我们可以在《当教堂是白色的时候》中找到关于这种修辞结构在勒·柯布西耶著作中的证据，这本书的出版时间基本上就是他提出关于修辞的想法的时候。在这本书中，第一部分"氛围"被设计成"打开一扇窗户"让你能"呼吸到我们在其中苦苦挣扎的令人厌倦的氛围"。它是刻意做出令人迷惑的样子的。"相比于叙事来说"这些文字更能形成"被充满力量与和谐的时代所鼓舞的人所

16 关于这个问题的深入讨论可以参见蒂姆·本顿，《演讲人勒·柯布西耶》。
17 同上，第26—27页。
18 同上，第37页。
19 勒·柯布西耶，《精确性》（剑桥，马萨诸塞：麻省理工学院，1991）。原书名为Précisions sur un état présent de l'achitecture et de l'urbanisme（巴黎：Crès，1930），第20页。
20 《东方的建筑在哪里？》，第192页。

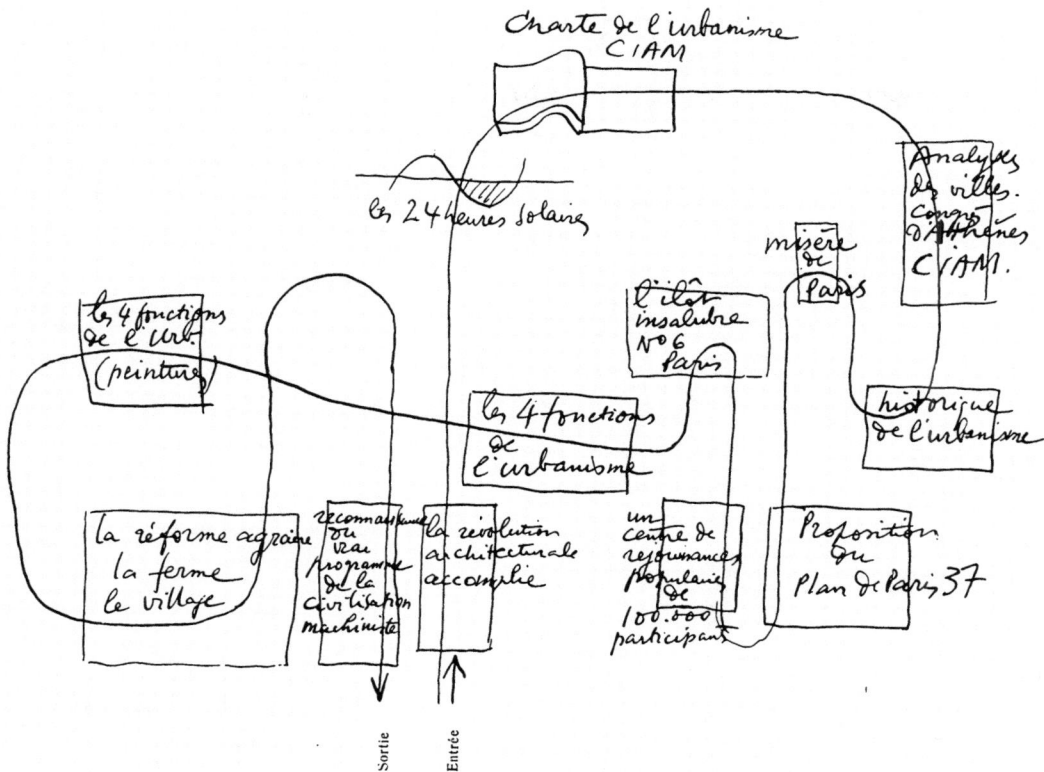

图3.5 穿过摇滚车库展馆的路线（1937），摘自《勒·柯布西耶全集》。

作出理性反应"。[21]接着，勒·柯布西耶在提出解决方案之前先根据自己的工作经验澄清问题。这并不意味着他所有的著作都服从于这个模式，比如说《走向新建筑》就有一个令人困惑的结构，也许是它开始于《新精神》期刊的原因。与之类似，《一栋住宅，一座宫殿——建筑整体性研究》也是杂乱无章，我想也许是因为写书时所处的环境原因。[22]

我的观点是，关于修辞的想法影响到了穿越勒·柯布西耶建筑的路线的设计。摇滚车库展馆本身就是围绕"演说家的讲坛"而建造的，[23]在勒·柯布西耶看来，展示和演讲是同一件事情的两种形式（图3.4）。表现穿过展馆的路线的平面图提供了一个非常生动的例子（图3.5）。[24]在入口处，读者会很高兴地看到"已经完成的建筑革命"的一个片段。这直接导向了勒·柯布西耶的一个神秘符号，空间正中的一天24小时示意以及对CIAM过去的成就的猛烈攻击，所有东西都有点令人困惑。通过这种缓解方式，读者被拉进了一个令人震惊的"巴黎的痛苦"之中。接着是一些勒·柯布西耶作品的模型，然后水到渠成地得出一系列关于未来的建议。读者就是这样被勒·柯布西耶的修辞手法牵着鼻子走的，只不过这次用的是建造的形式。

21　勒·柯布西耶，《当教堂是白色的时候》（纽约：Reynal and Hitchcock，1947），第xxii页。原书名为Quand les cathedrals étaient blanches。

22　勒·柯布西耶，《一栋住宅，一座宫殿——建筑整体性研究》（巴黎：Crès，1928），第68—79页。

23　勒·柯布西耶和皮埃尔·让纳雷，《勒·柯布西耶全集》（第3卷），第166页。

24　同上，第164页。

虽然勒·柯布西耶对古典文明的兴趣直接导致了他对亚里士多德之类的重要哲学家的理解，但是他对修辞手法的熟练掌握可能是来自于他对电影和叙事的兴趣。古斯塔夫·弗赖塔格在他1863年的书《戏剧技巧》——这本书受到了亚里士多德很深的影响——中把修辞与他所谓的统一戏剧的基本阶段联系在了一起，现在被称为弗赖塔格戏剧之弧五点或者弗赖塔格三角，电影制作人或者其他人都把它用作建立叙事结构的方法。[25]这个方法包括：

a. 绪论（阐述）；
b. 上升（发展）；
c. 高潮；
d. 回归或者下降（解决）；
e. 巨变（结局）。

它们描述了张力、兴奋和理解的构成。用词需要根据上面所提到的勒·柯布西耶的修辞结构稍作调整，但是它们之间有着清楚的联系。我的意思是，我所说的"勒·柯布西耶的叙事方式"可以描述成下列内容：

a. 绪论（入口）；
b. 迷惑（使人变得敏感）；
c. 质疑（理解居住）；
d. 重新定位；
e. 高潮（狂喜的统一）。

最后一个词，狂喜的统一，也许对于戏剧或者路线来说显得有点夸大其词了，但是我实在找不到更好的词来传达勒·柯布西耶最终在思想中达到的绝对解放的状态。弗赖塔格的戏剧之弧经常会被图解成一个三角形或者金字塔，用一种封闭的形式来表现统一的叙事。如果用图形来表现勒·柯布西耶的叙事方式的话，那么就像他的思想演变一样，有可能是一种基本上回到读者开始的地方、但是已经到了更高的一个层次的螺旋形。

我并不是说勒·柯布西耶在漫步的创作中直接参考了弗赖塔格或者亚里士多德的修辞步骤。我想说的是勒·柯布西耶认真考虑了论点和空间的建构，也许穿过他的建筑的路线看上去从属于五点结构，但是上面所说的叙事方法为讨论勒·柯布西耶作品的编排以及可能是所有建筑师的工作，提供了一个很好的出发点。

25　爱德华·布拉尼根，《理解与电影》（伦敦：Routledge，1992）。

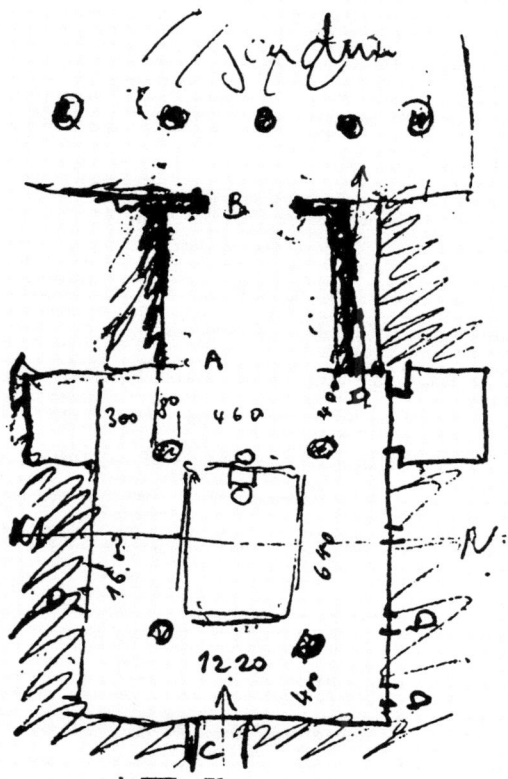

图3.6　庞贝的诺斯之家，摘自《走向新建筑》（1932）。

当他还是一个旅行中的年轻人时，勒·柯布西耶是这样描述他进入庞贝的诺斯之家[26]时的感受的（图3.6）：

依然是基本上还没能把你的思想从街道中解放出来的前厅。接着你就到了中庭；中间有四根柱子（四个圆柱体）一直顶到屋顶的阴影中，很有力量感，是一种很有说服力的方法的见证；但是在离得比较远的另一头，能够透过列柱看到花园的光，那些列柱以奔放的姿态把光洒进室内，并对它进行分配和强调，从左边一直延伸到右边，形成了一个伟大的空间。[27]

在句子开始用了"依然"这个词说明这种模式勒·柯布西耶已经见过很多次了。就像叙事方式一样，这个序列也分成五步。首先是没有提到的门，但是它在他别的文章中有很多处理。其次是"前厅"（勒·柯布西耶的平面中的c），就像扬·博克史迪德所说的那样，它有助于"建立特定的思想状态、一种接受的状态"。[28]第三步读者会变成"很有说服力的办法的见证人"，他或她在这个被动的体验中接触大量的信息。第四步"透过列柱看到的花园的光"是一种重新定位，是对路径的发现。第五步到达旅行的高潮——远处的景观。

26　对《勒·柯布西耶全集》（第1卷）开始部分的一系列"旅行和设计的速写"的研究反映出了对漫步越来越浓厚的兴趣。勒·柯布西耶和皮埃尔·让纳雷，《勒·柯布西耶全集》（第1卷），第17—21页。

27　勒·柯布西耶，《走向新建筑》（伦敦：建筑出版社，1982），第169页。原书名为Vers une Architecture（巴黎：Crès，1923）。

28　扬·博克史迪德，《勒·柯布西耶与神秘学》（剑桥，马萨诸塞：麻省理工学院，2009），第160页。

在《走向新建筑》"平面的错觉"这一章中，勒·柯布西耶对布罗萨绿色清真寺的体验的描述也采用了类似的结构。

在小亚细亚的布罗萨，在绿色清真寺里，你会从一个和普通人身高差不多的门进入；门廊很小，正好可以让你转化心情开始欣赏，它的尺度与街道和你来的地方正相反，它试图用这个尺度给你留下印象。接着你会感受到清真寺高贵的尺度，你可以目测它的规模。你站在一个充满阳光的、巨大的白色大理石空间里。抬起头你会看见第二个同样大小的、类似的空间，但是亮度只有它的一半，而且被几个台阶抬了起来（一种小调似的重复）；两侧是稍小一些的空间，光线比较微弱；转过身，你会看到阴影里的两个空间。从充满阳光到阴影，是一种节奏。小小的门和宽敞的隔间。你被吸引住了，你失去了正常的尺度感。你被一种感觉上的节奏（光和体量）以及尺度和大小的应用迷住了，进入了它的世界，听到了它想要告诉你的东西。多么有感情，多么有信仰！在那里你找到了动力和目标。思想的层叠，这就是它所采用的方法。因此，和圣索菲亚大教堂和伊斯坦布尔的苏莱曼清真寺一样，布罗萨清真寺的外形是根据室内得出的结果。[29]

在这里，勒·柯布西耶描述了一种可供对路线创造感兴趣的人采用的"思想的层叠"。首先，尺度的转变可以帮助你欣赏你周围的空间，在勒·柯布西耶建筑的情感处理和门廊中经常采用这种手法。其次，当你站在一个有着特定尺度的大厅中时，可能会看到另一个尺度相近但光线比较暗的厅，一个你所处空间的"缩小版"和略微哀怨一点的版本。第三，可以用光和阴影来形成节奏，通过小小的门和宽敞的隔间之间的对比来进行强调。通过这个方法，你"会失去正常的尺度感"，加强你对空间中的事物的敏感度。这种精心搭建的步骤在叙事结构中再次得到了反映。

蒙太奇

勒·柯布西耶使用的手法之一就是把各种不相干的因素变成一个统一的序列，那就是蒙太奇。艾森斯坦从路径的角度提到了蒙太奇，从中我们发现了它对漫步展开的重要意义。

文字路径的使用不是偶然的。如今它是眼睛以及取决于物体在眼睛中所看到的样子的各种认知遵循的假想路径。如今它也可能是越过现象的多样性、远离时间和空间、在一定的序列中聚集成一个有意义的概念的思想所遵循的路径。[30]

简单地说，蒙太奇就是把没有联系的东西有序地放在一起，让读者能够在它们之间建立起新的联系。单看蒙太奇中元素会"很傻"，但是一起看就会有了生命。[31]最终的目标是要创造一个"完全平衡的整体"[32]，比如说在艾森斯坦看来是"最古老的电影中完美的实例"[33]的奥古斯特·舒瓦西对帕提农神庙的设计（图2.2）。事实上，他从"镜头"的角度描述了穿过雅典卫城的路线。例如：

---

29 勒·柯布西耶，《走向新建筑》，第167—169页。
30 谢尔盖·艾森斯坦，《蒙太奇和建筑》（1937年版），《集会》1989年第10期，第116页。
31 同上，第128页。
32 同上，第118页。
33 同上，第117页。

镜头a和b是对称的，而且，同时每一个的对立面都有空间上的扩展。镜头c和d是镜像的关系，而功能正好是对镜头a左右两翼的扩展，然后又重新统一成一个简单平衡的体量。[34]

这里真的没有必要去弄明白艾森斯坦指的是什么，关键是要理解镜头之间的密切关系。镜头a和b是平等但是对立的，所以我们能够感觉到它们之间的关系以及类似的东西。其他的联系手段是色调上的一致性——怎样让两个镜头的色调——和节奏模式——相近，例如一个垂直栏杆的斜向视野的后面是一组水平的台阶。显然剪辑用了大量的技巧把电影的序列连接在一起。[35]我在这里强调这个问题是因为它会在本书的第二部分、我想要把漫步分解成各个阶段的时候起到一定的作用。

勒·柯布西耶对蒙太奇的兴趣在他自己的"电影"序列中得到了清楚的表达，这个序列是由一系列静物组成的。正如蒂姆·本顿所记录的一样，这是随着他在1920年的讲演中的幻灯片发展而成的，他经常会采取连续快速的放映数百张幻灯片的形式。1924年，他对"电影"的应用作出了解释：

我为索邦大学布置了一系列幻灯投影，其目的就是要把观众带到一种震惊的情境中。震惊来自于突如其来的异质图形——来自过去的、来自现在的，或对立或并列，有时候还会有很协调的东西。出乎意料的、戏剧性的关系实际上就简单地表现在今天的世界的状态中。有的关系很不和谐，那是因为我们就处在一个不和谐世界中，把我们自己从传统中分离出来，就会在痛苦和扭曲中诞生一个世界。[36]

在第一章所介绍的《电子之诗》（1958）中这个技巧有了一种极端的表现形式。和勒·柯布西耶其他的展览一样，它是非常辩证的。它从处于达尔文式零散的、并列的关系中的公牛、女人、太阳以及他很喜欢的其他象征元素开始。它们构成了贝尔森（它本身是建立在自然选择的思想基础上的）以及和技术联系在一起的战争的暴行，它直接跳到了构成广岛的一组宗教图片。最后的序列要积极得多，是勒·柯布西耶关于幸福未来的宣言。

超越时间

另一种对勒·柯布西耶的作品造成影响的分组手法是把机会看做在彼此分离的事物间创造秩序的手段的超现实主义者。勒·柯布西耶不相信超现实主义的作品是它们的作者所说的那种随意的、下意识的产物。在他看来，它们是"非常清晰地依赖于明确的意识力量的产物，持久而富有逻辑性，经过了必要的数学和几何验证。"[37]换句话说，超现实主义的象征性语言是经过学习取得的，而且它是有秩序的。

---

34 谢尔盖·艾森斯坦，《蒙太奇和建筑》（1937年版），《集会》1989年第10期，第120—121页。

35 实例可参见S·D·卡兹，《用电影镜头引导镜头》（洛杉矶：迈克尔·维泽制片公司，1991）。卡莱尔·赖兹，《电影剪辑技巧》（波士顿及牛津：交流艺术图书/黑斯廷公司/焦点出版社，1968）。D·阿里奇奥，《电影语言的语法》（洛杉矶：Sliman—James出版社，1976）。

36 勒·柯布西耶基金会（其后简称为FLC）C3（8）70，文件标题"Bâle 4"。译自蒂姆·本顿，《现代主义的修辞学》，第67—68页。

37 勒·柯布西耶，《今日装饰艺术》，第187页。

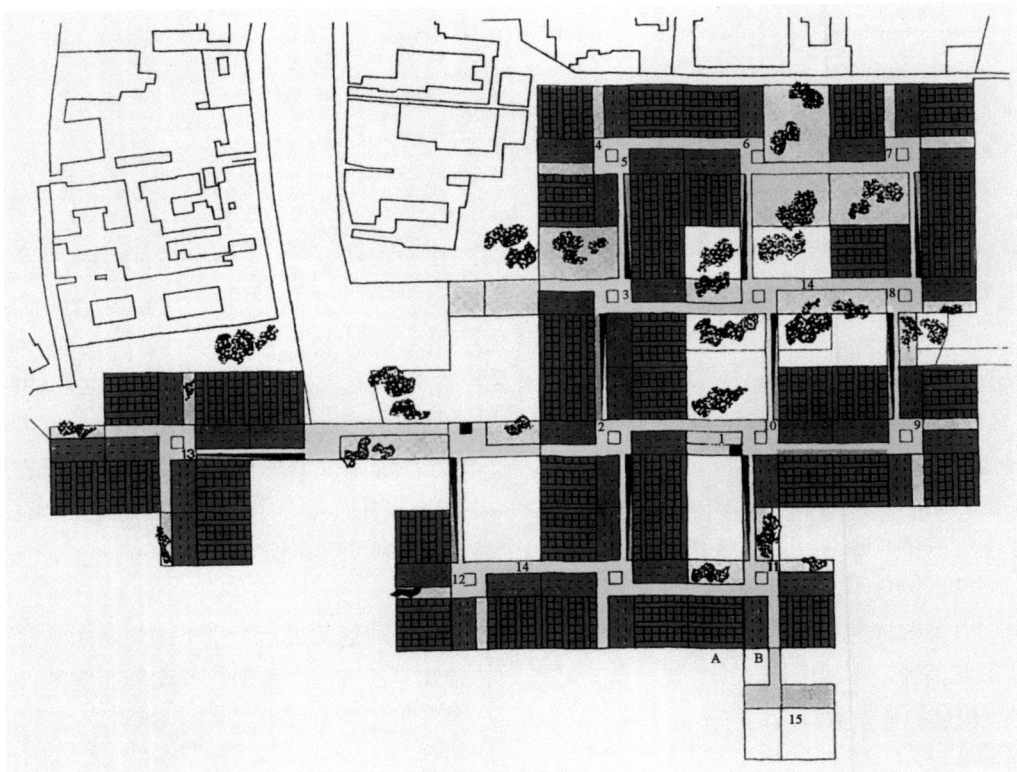

图3.7 威尼斯医院平面图（1966）。

在他刚刚开始职业生涯的时候，勒·柯布西耶短暂地接触过超现实主义，并且与自成风格的超现实主义领军人物安德烈·布雷顿（1896—1966）成了一生的朋友。因此布雷顿1957年出版的《艺术的魔力》出现在勒·柯布西耶的FLC私人图书馆里是一件值得注意的事情。[38]这位曾经游走在巴黎周围的超现实主义者如今已经有了传奇的色彩。以高度的敏感四处游走的布雷顿和他的朋友们喜欢奇怪的事情和古怪的碰撞，这些东西会反映在他们的作品中。[39]在他快结束自己的职业生涯的时候，勒·柯布西耶在威尼斯医院的设计中采用了类似的手法（图3.7），这是他所设计的作品中等级感最弱的建筑。在这里，他对这座城市长期以来的爱恋、记忆以及一生中的点点滴滴都被带到了设计中。曾经与勒·柯布西耶在威尼斯医院项目中一起工作过的纪尧姆·朱利安·德·福恩特考虑过：

　　……如果把医院的建筑体量变小，就能把它们和威尼斯联系在一起……整个项目都是这样组织起来的。医院中……所有的走廊和大厅都是根据我们自己对这座城市的体验而命名的；死人、刀、猫等等……它们就像是威尼斯人生活中所处的位置一样。所以这不是一个类型学的问题，而是一首诗。在这首诗里，建筑的手法、唯一真实的"医院"都好像是偶然的；它与城市的生活融合在了一起。而勒·柯布西耶发现了这座城市的本质、它的结构和它的光——不是通过绘图板，而是用他的眼睛、他的双手甚至是他的双脚来长期地观察和穿过它[这座城市]。[40]

---

38 它证明勒·柯布西耶在一生中的很长时间里与布雷顿保持着不定期的联系。例如有一封1949年5月16日的信，FLC E109 216，是布雷顿写给勒·柯布西耶的。在他1957年的一个速写本中他提醒自己会去联系布雷顿。勒·柯布西耶，《速写本第三卷，1954—1957》（剑桥，马萨诸塞：麻省理工学院，1982），草图959。是布拉萨尔——布雷顿用他拍的巴黎夜景来说明他的超现实主义之路——拍下了勒·柯布西耶在1920年代晚期在雅各街20号他自己的公寓里写作的情景，他是一系列这两个人之间彼此都有密切联系的人之一。

39 安德烈·布雷顿，《疯狂的爱》林肯：内布拉斯加大学出版社，1987，第39—40页。原书名为L'Amour Fou, 1937。

40 P·阿拉德（2001），《威尼斯的桥：关于十人小组和勒·柯布西耶之间思想异体受精的思考（写在与纪尧姆·朱利安·德·福恩特的一次谈话之后）》摘自H·萨基斯（编写），《案例，勒·柯布西耶的威尼斯医院》（慕尼黑，Prestel，2001），第30页。

这是一段非常重要的话。虽然医院表面上像是一个席子似的规则的网格，但是它包含了很多他在威尼斯旅游时的见闻。

勒·柯布西耶晚期的作品都有着图画般的感觉。扬·博克史迪德相信图画般的感觉（picturesque）——通常与18世纪英国的景观花园联系在一起——和绘画般的感觉（pittoresque）——对于舒瓦西来说，它是"一种在不规则的景观中的不对称体量的视觉画面"而且是非常不一样的东西[41]——之间的区别是非常重要。绘画般的感觉出现在勒·柯布西耶早期的纯粹主义作品中，而后来那些承载了记忆、想象和运动的建筑中则频繁地出现图画般的感觉，他在使用这个词的时候毫无轻蔑之意。[42]

无论是布雷顿还是勒·柯布西耶，都曾经被像充满幻想、能够超越时间并且与深藏在他潜意识中的过去取得联系的诗人阿波利奈尔那样的人物影响过。[43]只有通过这个办法他才能变成一个整体。艾森斯坦曾用类似的方法把"不同时间和空间中的现象"并列在一起。[44]勒·柯布西耶对把来自不同时间和环境的物体和思想放在一起这种做法的痴迷中就隐含着这样的想法，在本书的第二章将对此进行充分的说明。

"阳光下没有什么新鲜的东西：所有的东西跨越时间和空间再次相遇，人类之所以独特的证据之一就是那些让人思考的东西。"[45]诸如提修斯和弥诺陶洛斯、但丁和比阿特丽斯、耶稣和玛丽之类"伟大的故事"从来没有离开过他的脑海，不断地穿越时空而来。[46]正如小说家约翰·麦克格汉在他的自传中写的那样："故事依然很重要，但是我已经读了这么多的故事，所以我现在知道所有真实的故事都是从根本上反映了生活的悲伤和无尽的变化的。"[47]直到他生命的最终，勒·柯布西耶才开始在他的建筑中加入他自己的记忆和联想，他相信它们在一定程度上是具有典型性的。他写到了自己想要从更宏大的角度看自己的思想这个弱点。"我想要我的思想有一个结果而不是变成我独有的私人财产。"[48]

迷人的开始

建筑漫步被看做一种进入协调的统一体的想象路线——"它的奥秘是不容忽视的，是不容拒绝的、是举足轻重的。它是我们在辛苦工作中沉默的片刻。它在等待开始。"[49]因此查尔斯·爱德

41 扬·博克史迪德，《勒·柯布西耶与神秘学》（剑桥，马萨诸塞：麻省理工学院，2009），第85页。

42 勒·柯布西耶和皮埃尔·让纳雷，《勒·柯布西耶全集》（第3卷·1934—1938年）（苏黎世：Les Editions Girsberger，1945）。首次出版于1938年。

43 V·史贝特，《俄尔浦斯主义：1910—14年巴黎非人像绘画的演变》（牛津：Clarendon，1979），第62页。

44 谢尔盖·艾森斯坦，《蒙太奇与建筑》（1937年版），《集会》1989年第10期，第116页。

45 勒·柯布西耶，《模度2》（伦敦：Faber，1955），第33页。原书名为Le Modulor II（巴黎：今日建筑出版社，1955）。

46 这方面勒·柯布西耶与卡尔·荣格有很多共同点。关于他的思想和荣格的思想之间的关系可以参见弗洛拉·塞缪尔，《勒·柯布西耶的意图、灵魂和建筑》，《收获》48，2（2003），第42—60页。

47 约翰·麦克格汉，《记忆》（伦敦：Faber and Faber，2006），第24页。

48 写给里特的信，14.1.26，巴黎，FLC R3—19—408。引自韦伯，N.F.《勒·柯布西耶的一生》（纽约：Knopf，2008），第228页。

49 勒·柯布西耶，《今日装饰艺术》，第181页。勒·柯布西耶也告诉特鲁安要理解他的艺术"开始"是必不可少的。特鲁安写给勒·柯布西耶的信，1945，FLC 13019。

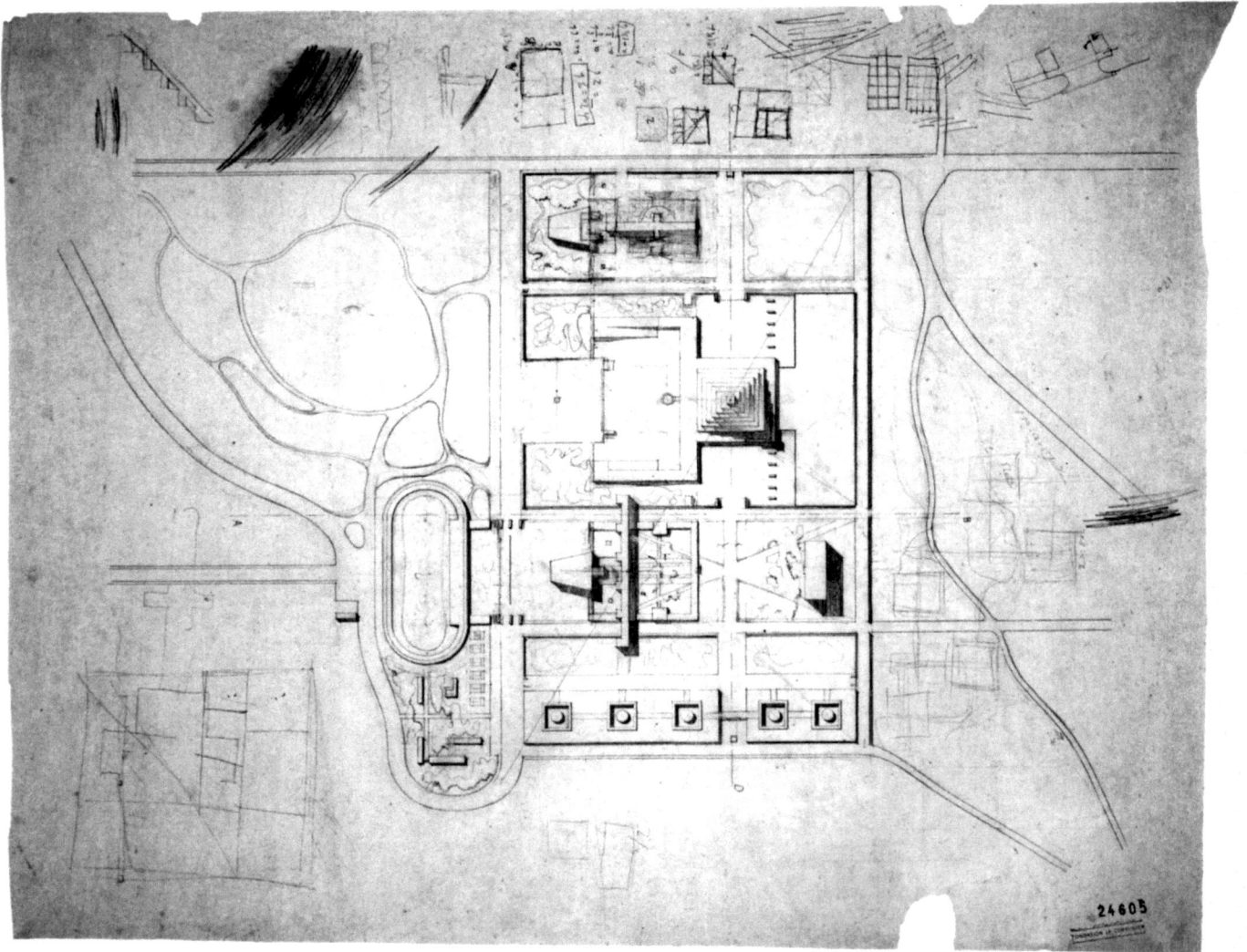

图3.8　Mundaneum方案（1928），FLC24605。

图3.9　勒·柯布西耶在他位于南热塞与科利街24号公寓的床边，身后是安德烈·博沙尔描绘马上要变成酒神和俄耳浦斯的尊敬的神的画。

华·让纳雷（年轻的勒·柯布西耶）受到爱德华·舒雷的书《伟大的开始》的影响就毫不意外了，这本书核心是描述了俄耳浦斯和"具有光辉精神的"狄奥尼索斯[50]发现"世界的秘密、自然的灵魂和上帝的本质"[51]这个神话故事的开始。舒雷的话给让纳雷留下了深刻的印象，1908年1月他非常兴奋地给他的父母写信说，这本书"打开了他的眼界"，让他"充满快乐"。[52]这本书重点提到了他在曼达纽姆的方案（1928），一个方形的螺旋路线先往上走，然后又下到地下室的亚述古塔庙，它是充满了舒雷视为珍宝的"重要的内行人士"的"神圣殿堂"（图3.8）。[53]

在彻底放弃了他从小所信奉的宗教之后，让纳雷找到了一种信仰，一个有秩序的体系，它能与过去建立起联系（图3.9）。因此，俄耳浦斯主义魅力是建立在古代宗教神话和俄耳浦斯的传奇的基础上的，俄耳浦斯以他美妙的音乐成功地说服诸神允许他去地狱解救深爱的欧里狄克。俄耳浦斯主义同时还指的是由阿波利奈尔发起的一场艺术运动，它的成员中还包括勒·柯布西耶的朋友费尔南德·莱热。[54]这些艺术家从俄耳浦斯通过音乐来创造和谐的能力中获得了灵感，想要在绘画中达到类似的和谐状态——用色彩和形式来影响情感。

50　章节的题目是"俄耳浦斯（狄奥尼索斯的神话）"摘自爱德华·舒雷《伟大的开始：宗教秘密的草图》（巴黎：Perrin，1908），第219，FLC。

51　同上，第232页。

52　勒·柯布西耶写给父母的信，31.1.1908摘自La Chaux基金会（CdF LCms 34，副本由梅尔·弗朗索瓦·弗雷提供）。引文由本顿翻译，"神圣真理的研究"，摘自蒂姆·本顿（编写），《勒·柯布西耶：世纪建筑师》（伦敦：艺术委员会，1987），第239页。

53　译自勒·柯布西耶和皮埃尔·让纳雷，《勒·柯布西耶全集》（第1卷），第190页。

54　维吉尼亚·斯贝特，《俄尔浦斯主义》，摘自尼科斯·斯坦戈斯（编辑），《现代艺术的理念》（伦敦：Thames and Husdon，1997），第194页。

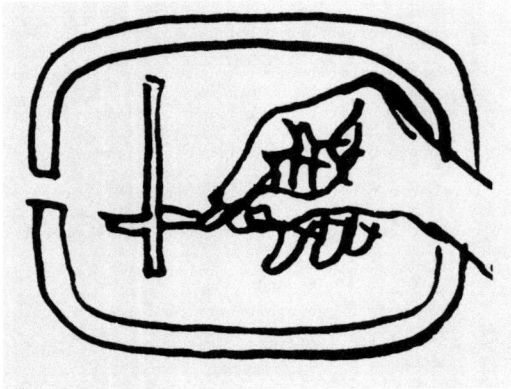

图3.10　"工具"，摘自《直角之诗》（1955）。

　　勒·柯布西耶对毕达哥拉斯哲学、柏拉图、精神净化法、犹太神秘哲学、新柏拉图主义、炼金术、行吟诗人、中世纪建筑大师和早期的基督教的浓厚兴趣在本质上都是与俄耳浦斯有关的，因为它们都关注禁欲主义、数字和——明和暗（包括摩尼教的潜台词）、精神与肉体、男和女以及其他一系列对立面的——平衡，这些都在他的建筑中有所表现，并反映在那些"用眼睛去看"的漫步中。

魔力之旅

　　理查德·A·摩尔、彼得·卡尔、摩根·克鲁斯特鲁普和其他的评论家都证实了勒·柯布西耶对古代炼金术的步骤的痴迷。炼金术的过程发生在以基本材料为开始而以对立面、以sol和luna为象征的男人和女人、太阳和月亮的结合为结束的一系列转变过程之中。转变形成于cuniunctio，以两性的融合为象征，并且在获取"哲学家之石"时达到高潮，有时候在几何上表现为"圆形的方形化"。炼金术中的两性体成了这个过程的重要象征。"经历过这种转变的人变得不再有欲望，他在尘世中的生命的延长对他来说已经没有什么意义，他已经获得永生。"对漫步来说非常重要的一点就是这种实验是同时在精神和物质世界中被引导的，这两个世界依然保持着密不可分的联系。精神之旅和物质之旅是平行的。

　　炼金术的过程在《直角之诗》中得到了充分的体现。之前已经提到过勒·柯布西耶把这本书的关键或者说内容放在了他所谓的圣障，也就是以树的形式出现的一系列板中（图2.22）。传统的圣障是与基督和玛丽的圣像联系在一起的。[55]勒·柯布西耶自己的圣障出现在勒·柯布西耶自己在与他的妻子伊冯娜的关系中的心理转变过程，这个故事也反映在漫步中，尤其是在朗香教堂里。[56]

55　勒·柯布西耶，《东方之旅》（剑桥，马萨诸塞：麻省理工学院，1987），第62页。原书名为Le Voyage d'Orient（巴黎：Parenthèses，1887）。

56　参见弗洛拉·塞缪尔，《勒·柯布西耶：建筑师和女权主义者》（伦敦：Wiley，2004）。

数字符号的使用在这个转变过程中起着一定的作用。在树的最顶端，有五个表示"周围环境（milieu）"的方形与下面第三层的表现"肉体"的五个方形相呼应。"周围环境"是一个表现原始的、最初感觉的自然的含义非常复杂的词。单用"环境（environment）"来解释这个词是远远不够的。无论是"周围环境"还是"肉体"都有五个方形。与勒·柯布西耶同处一个时代的路易斯·雷奥认为，在基督教艺术中，数字5对应五种感官[57]，而勒·柯布西耶想要强调的这些层次和肉体之间的关系就是一种适当的联系。"周围环境"和"肉体"之间的层次——"精神"——有三个方形与之相对应，就像路易斯·雷奥所提到的三位一体一样。[58]因此《直角之诗》中最顶上的三层是从数字上对应勒·柯布西耶最关心的东西——精神与物质的关系。[59]而且，圣障有七层也绝不是偶然的。[60]对于雷奥来说，7是一个"特别令人敬畏的"数字。[61]它可以通过代表三位一体的数字3和代表尘世事务（比如说季节和要素）的数字4相加而得。所以数字7代表了宇宙的秩序，也就是和谐。[62]

在诗意的下面，一幅表现炼金术上不同"产品"相结合的图像——"融合"，以及一幅表现勒·柯布西耶张开的手和"工具"的图像，都被赋予了一个方形（图3.10）。所有圣障的层次都专指结合的原因，单独占据一个方形，对于中世纪的建设者来说，数字1是统一和上帝的象征。[63]"工具"表现了勒·柯布西耶的手中握了一支炭笔，他用这支笔以粗黑线画了个直角。

炼金的过程有一系列的步骤，就像圣障的层次一样，与特定的颜色有关。在《直角之诗》中，色彩被用来体现不同的意义，例如，在新时代展馆中，黑白图形的表现使得某些东西消失在视线之外。在这里读者会在穿过一面蓝色的墙之后面对一面充满张力的红色的墙，左边是绿色的，右边是灰色的，整个地面都是浅黄色的沙砾。[64]观众穿过的绿色、灰色和蓝色构成了自然的回归或者重生的感觉。无论是脚底下的黄色，还是透过玻璃屋顶的黄色的光一直都是阳性的太阳或者勒·柯布西耶作品中的精神的体现，观众所面对的红色则是融合或者物质的颜色。色彩的象征意义在漫步中创造了一层额外的意义——"通过色彩的应用来达到根据某个秩序排列事物的目的"。[65]就像在炼金师的工作中一样，勒·柯布西耶通过色彩以既难以理解又可操作的方式来强调他的信息。

57 路易斯·雷奥，《基督教艺术中的肖像学，第一卷》（巴黎：法国大学出版社，1955），第68页。

58 从传统意义上说，三位一体指的是圣父、圣子和圣灵，但是在他的妻子伊冯娜和他的母亲玛丽的帮助下，勒·柯布西耶的手在朗香教堂中有了不同的处理，参阅我所提到的玛丽和玛丽·玛格德莱娜。参见弗洛拉·塞缪尔，《世俗的报喜：性在朗香教堂中表现》，《建筑教育杂志》，53，1999年第2期，第74—90页。

59 在博克瑞希娜·杜什看来，勒·柯布西耶是非常迷信的。卡门·卡加尔，《勒·柯布西耶：建筑杂技演员——博克瑞希娜·杜什访谈，1986》，《建筑与都市生活》，322（1997），第168—183页。

60 吉卡写道"在毕达哥拉斯的数学神话中，7是纯洁的数字"。马蒂拉·吉卡，《艺术和生活中的几何学》（纽约：多佛，1977），第21页。首次出版于1946年。

61 雷奥，《基督教艺术中的肖像学，第一卷》，第68页。

62 参见艾米丽·马勒，《哥特图形》（伦敦：Fontana，1961），第11页。首次出版于1910年。

63 雷奥，《基督教艺术中的肖像学，第一卷》，第68页。

64 勒·柯布西耶和皮埃尔·让纳雷，《勒·柯布西耶全集》（第3卷），第169页。

65 勒·柯布西耶与罗伯特·马里特的谈话，1951。引自卡洛琳·马尼亚克，《勒·柯布西耶与雅乌尔住宅》，第25页。

圣瓶中的神谕

　　勒·柯布西耶对弗朗索瓦·拉伯雷（1494—1553）在他的《巨人传》（1543）中设计的圣瓶中的神谕之旅非常着迷，这是一个以创世纪为原型的故事。勒·柯布西耶承认这位作者的想法对他的作品有着重要意义，他写道：

> 它总是以
> 这个该死的拉伯雷为结束——建设者、直角、[被认为是非常神圣的]划的十字、万物的主导……
> 拉伯雷他是两者的协调；水平的和垂直的=人的肉体、灵魂和内心所感兴趣的东西。[66]

　　那些通读勒·柯布西耶四个速写本的人会很快发现他年轻时接触到的拉伯雷的《巨人传》在他的建筑师生涯中占据了一个非常重要的位置——"善良的庞大固埃……这本书……这本书总是在我的手边"。1954年4月3日，当勒·柯布西耶正在设计朗香教堂的时候，他用了一个新的速写本，编号为H32。他在其中抄写了《巨人传》第五册中的几页，尽管不是逐字逐句的，在那几页中，庞大固埃寻求圣瓶中的神谕的意见，问他是否该结婚。[67]

　　这就是勒·柯布西耶所谓的"奇迹"[68]——新柏拉图主义者皮科·米兰多拉（1463—1494）为这里所发生的事情提供了一个有力的线索。他解释道，古代神学家的实践是要掩盖俄耳浦斯"披着神话的外衣，用诗意的伪装让读者相信他的颂歌里只有神话和最纯粹的胡话"的学说。[69]皮科认为，俄耳浦斯有"一个秘密的数字原则"，古埃及人、毕达哥拉斯、柏拉图、亚里士多德和奥利金理解并利用了这个原则。[70]重要的是，在速写本H32中，正是勒·柯布西耶对音乐和艺术中比例与和谐问题的思考直接把他带到了拉伯雷关于庞大固埃到达圣瓶中的圣坛的描述以及从数字的角度对路线的复杂分析中。勒·柯布西耶的改编开始了：

> ……在到达向往已久的小岛时……
> 在这个致命的数字的尽头，你会找到神殿的门……
> =备受学者推崇却又很少有人理解的
> 真正的柏拉图的精神的起源，对于它来说
> 一半是由统一构成的，最前面的两个完整的数字，两个
> 方形和两个立方体（1=2加3=8的二次方加27总和54=柏拉图）
> 它们依次下了108个台阶……[71]

　　这些数字的存在让庞大固埃充满了恐惧，它们背负着如此重要的东西。在他抄写的文字旁边有

66　勒·柯布西耶，《速写本第三卷》，草图645—646。
67　同上，草图85—88。关于这个讨论的扩展内容可以参见弗洛拉·塞缪尔，《勒·柯布西耶、拉伯雷和圣瓶中的神谕》，《文字与图形》，16（2000），第1—13页。
68　勒·柯布西耶，《速写本第三卷》，草图1011。
69　皮科·米兰多拉，《关于人类的尊严》（印第安纳波利斯：Hackett，1998），第33页。
70　同上，第30—31页。
71　勒·柯布西耶，《速写本第三卷》，第10页。

着潦草的算式和说明，它们体现了勒·柯布西耶对这些数字思考了很长的时间，以期找到它们内在的重要意义。庞大固埃穿着礼服，开始了探索圣瓶秘密之旅，所有这些都有非常详细的描述。他到达了最深处的圣坛，在那里，神谕本身就让人联想到"廉价的小饰品"这个词，毕竟这种预期有可能是有史以来最虎头蛇尾的事情。虽然勒·柯布西耶对此的反应很兴奋："为了支持我自己的观点，我来解释一下：行动，就能看到奇迹。不要只追求好看的外表！不要逃避！瓶子会告诉：喝。"[72]显然他非常严肃地对待这次滑稽的旅行。

圣波美

勒·柯布西耶在普罗旺斯的圣波美设计的一个包括教堂、住宅、博物馆和公园的方案（1945—1960）就是建立在俄耳浦斯和拉伯雷的故事中所表现的从黑暗到光明的旅行的原型之上的。实际上，它被设计成进入俄耳浦斯主义和谐而愉悦的启蒙路线。如果建成的话，它将成为本章中所描述的很多创造秩序的手法的集合。我们之所以知道是因为勒·柯布西耶的这个项目的客户——爱德华·特罗因在他写给建筑师的信中表现得极其轻率，使得勒·柯布西耶告诫他认真对待自己所写的东西，但是永远不要否认说过的话。[73]我们可以从勒·柯布西耶表达他的支持的信、他们多年的友谊以及当特罗因几乎要放弃的时他要自己这个项目的决定中推断出他是同意特罗因的想法的。而且，他把它叫做"让人惊讶的，甚至有点神奇的开始"，他把这个项目放到了他的《勒·柯布西耶全集》中一个非常重要的位置上。[74]

圣波美是为特罗因设计的"哲学之城"

拉伯雷的

城市　　　　　　　　　　俄耳浦斯的[75]

圣特蕾莎的[76]

在关于圣瓶中的神谕的讨论里暗示了教堂的启蒙之旅和拉伯雷的想法之间的关系，但是圣特蕾莎的作用也非常重要。拉伯雷的《巨人传》出版于1534年。圣特蕾莎的作品几乎是与之同时期的《完美之路》[77]完成于1567年而《内心的城堡》[78]大概写于十年之后。拉伯雷和圣特蕾莎处于从中世纪到文艺复兴的历史转折点之上，当时正统的天主教和很多其他小团体对基督教的看法之间存在很大的张力，这是一个对异教徒的指控非常盛行的年代，这也就意味着有必要与非正统的象征和暗示

72　勒·柯布西耶，《速写本第三卷》，第210页。

73　"保重，为了上帝的爱！"勒·柯布西耶写给爱德华·特罗因的信，1956年3月7日，FLC 13 01 106。

74　勒·柯布西耶，《勒·柯布西耶全集》（第5卷·1946—1952年）（苏黎世：建筑出版社，1973），第24—28页。首次出版于1953年。

75　特罗因，为《圣波美和抹大拉的玛丽亚》写的《临时的高地》，n. d.，FLC 13 01 399。

76　弗洛拉·塞缪尔，《拉伯雷和圣特蕾莎的哲学之城，勒·柯布西耶和爱德华·特罗因的圣波美方案》，《文学与理论》，13,2（1999），第111—126页。

77　耶稣的圣特蕾莎，《完美之路》（伦敦：Thomas Baker，1911）。

78　耶稣的圣特蕾莎，《内心的城堡》（伦敦：Thomas Baker，1912），最初写于1577。

图3.11 建于圣波美悬崖之上的抹大拉的玛利亚教堂。

图3.12　悬崖上通往圣波美抹大拉的玛利亚教堂的路线。

之间进行交流。在《内心的城堡》中，在骑士精神的要求下，朝圣者沿着清晰的路线进入复杂的灵魂深处。在进入下一阶段之前，必须经过理解的步骤。这种关于肉体内的精神空间的想法是我在后面的章节中所要谈到的。

圣波美是抹大拉的玛利亚在高耸的悬崖上、可以俯瞰下面宽阔平坦的村庄的洞穴的所在地（图3.11）。作为特罗因所谓的"妓女圣徒"，她对这个描述有着重要的意义，因为她证明了肉体的感知可以变成精神上的理解，这个想法对于勒·柯布西耶的作品和漫步来说有着至关重要的意义。[79]

抹大拉也和几何学有着密切的联系，就像人们所说的那样，她把对数字的认识从东方带到了法国，并且在圣波美的洞穴里过着隐居的生活，仅依靠那些每天把她带到悬崖顶上的天使的歌声生活（图3.12）。[80]在教堂中的漫步就是她的历史的反映，沦落于混乱、黑暗和毫无节制的感官享受只是为了后面的清晰、几何形体与光明。

圣波美对于共济会的朝圣者来说是一个非常神圣的地方，那些人把自己看做早期手工业大师的直接继承人的环法手工业行会会员。作为启蒙过程的一个组成部分，他们依次进行了包括一系列重

79　更多的证据可以参见弗洛拉·塞缪尔，《勒·柯布西耶，德日进神父和人类中心论：现代主义心中的精神思想》，《法国文化研究》，11,2（2000），第181—200。

80　这是关于她的历史的普罗旺斯版本。参见弗洛拉·塞缪尔，《勒·柯布西耶作品中的俄耳浦斯主义，圣波美1945—1960》，未发表的博士论文，加地夫（2000），第95—100页。

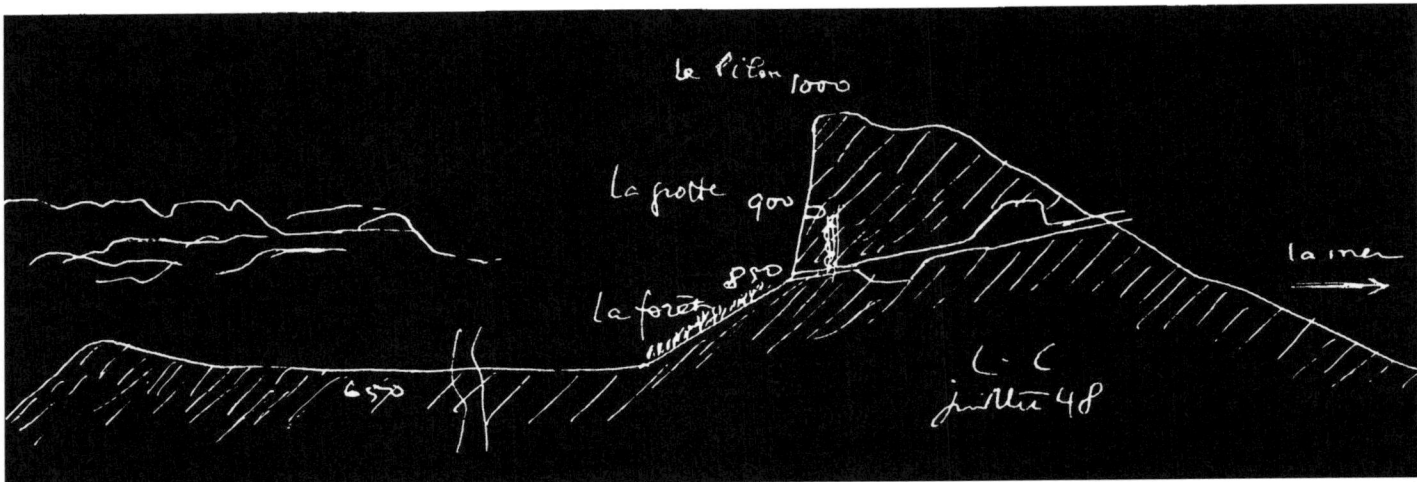

图3.13　勒·柯布西耶的圣波美教堂方案（1948），摘自《勒·柯布西耶全集》。

要地点在内的环法旅行，圣波美就是其中的一个地点。[81]他们的领导人，与勒·柯布西耶非常熟悉的安东尼·莫莱斯[82]相信他们从中世纪的祖先那里继承了一个对数字和比例的秘密认识。所以在特罗因和勒·柯布西耶的方案中提供这个秩序的秘密所在是非常重要的。[83]

文献表明，教堂被看做关于早期宗教起源的启蒙路线，尤其是古埃及的游行路线。[84]灵感还来自于"帕提农神庙、印度的神庙和所有根据精确的尺寸建造的教堂，那些尺寸是由一个密码、一套连贯的系统组成的：这个系统体现了本质上的统一。"[85]

在1948年7月的草图中可以看到勒·柯布西耶的教堂（图3.13）。[86]从路线的角度看，他的方案的横剖面很像从曼荼罗中提炼出来的图案，表现宇宙的循环形式来自于在第一章中已经讨论过的他的一天24小时的示意图（图1.5），他将其称为对自己所有努力的总结。

如果根据这幅图所做的调整能够形成显著的效果，那么最好的利用通往"失落的伊甸园"、在俄耳浦斯之旅尽头的最初的和谐的办法，就是把实际上存在于符号本身的开始放在体验的第一位。用米尔恰·伊利亚德的话说："进入一个画在地上的曼荼罗就等于一个开始的仪式……曼荼罗能让新皈依的教徒免受外界的所有伤害，同时帮助他集中思想，找到自己的'中心'。"[87]

81　扬·博克史迪德，《勒·柯布西耶与神秘学》，第247页。

82　参见勒·柯布西耶在安东尼·莫莱斯的《木匠史》中的题字（巴黎：Librairie Grü nd，1949）摘自FLC。

83　爱德华·特罗因（笔名路易斯·蒙塔尔特），《全面和平与宽恕的教堂》，FLC 13 01 403。安东尼·雷蒙德，《自传》（佛蒙特州：Charles E. Tuttle公司，1973），第150页。

84　特罗因，"奥普斯的平面或者奥普斯平面的平面"，n. d.，FLC 13 01 369。勒·柯布西耶最后于1952年访问了埃及，当他为"哈夫拉神圣的游行路线"绘制了详细的草图，还包括很多的尺寸和数字计算。勒·柯布西耶，《速写本第2卷，1950—1954》（伦敦：Thames and Hudson，1981），草图773。

85　勒·柯布西耶，《模度》（伦敦：Faber，1951），第18页。原书名为Le Modulor（巴黎：今日建筑出版社，1950），第18页。

86　关于教堂的方案有三个版本。第一版是特罗因1946年提出的，这里所说的是勒·柯布西耶的版本和两人合作设计的最终版"混凝土山谷"。

87　米尔恰·伊利亚德，《图形和象征》（伦敦：哈维尔出版社，1961），第53页。

在圣波美的教堂中被注入了开始的仪式，象征着黑暗和光明、黑夜和白天、肉体和灵魂等摩尼教中基本的二元论。他或她在教堂里会感受到他所谓的"一种不同寻常的、看不见的建筑诺言和在室内花费的巨大精力，其目的只是为了感动那些能够理解的灵魂。"[88]

如果把勒·柯布西耶的叙事方式运用到圣波美的方案中去的话，那么漫步的第一步也许就会开始于朝圣之旅开始的地方。让人迷惑的第二步也许会出现在山门处。第三步也许就是勒·柯布西耶所说的"下降到感官的来源"[89]直到教堂的下面的部分，这是叙事中第三个深入追问的阶段。这里所指的是肉体可以为启蒙创造条件，换句话说，也就是在叙事的第四步发生的再定位。[90]新皈依的朝圣者就在这里重新回归登山的路线。勒·柯布西耶在圣皮隆山的下坡处精心设计了叙事的第五步，一直横跨过它上面的皮托的上坡。[91]

在里面，石头就是建筑作品的例子，从入口到圣抹大拉洞室一侧的石头的自然光照、人工照明一直移动到另一侧，忽然间变得豁然开朗，眼前是一直延伸到南面大海的一望无际的地平线。[92]

结论

本章主要讨论了勒·柯布西耶用来支持他的观点并且理解这个混沌的世界的秩序系统。同时，上面提到的勒·柯布西耶的叙事步骤源自于亚里士多德和弗赖塔格对修辞和戏剧的理解，它们在俄耳浦斯、玛丽·抹大拉、庞大固埃和特修斯（第三章中将会讨论他的迷宫之旅）的启蒙故事和雅克的故事（这个故事在第五章中扮演了重要的角色）中有所反映。它们有一个共同的叙事方式，都是先下到一个充满困惑和黑暗的地狱，然后是转变、揭露、启蒙与和平等一系列勒·柯布西耶用非常私人的层次定义的事件，这一点和分析心理学家C·G·荣格所谓的个性化过程很像。[93]

88　勒·柯布西耶，《勒·柯布西耶全集》（第5卷），第25页。
89　勒·柯布西耶，《速写本第二卷》，草图799。
90　这个猜想在弗洛拉·塞缪尔的《圣波美1945—1960：勒·柯布西耶作品中的俄耳浦斯主义》有大量的提及。
91　勒·柯布西耶，《勒·柯布西耶全集》（第5卷），第27页。
92　同上，第25页。
93　弗洛拉·塞缪尔，《男性意向、女性意向和勒·柯布西耶的建筑》，第42—60页。

les 4 fonctions
de l'urb.
(peinture)

en 24 heures

les
de
l'u

la réforme agraire
la ferme
le village

reconnaître
du vrai
programme
de la
civilisation
machiniste

la révolu
architec
recom

Sortie

Entrée

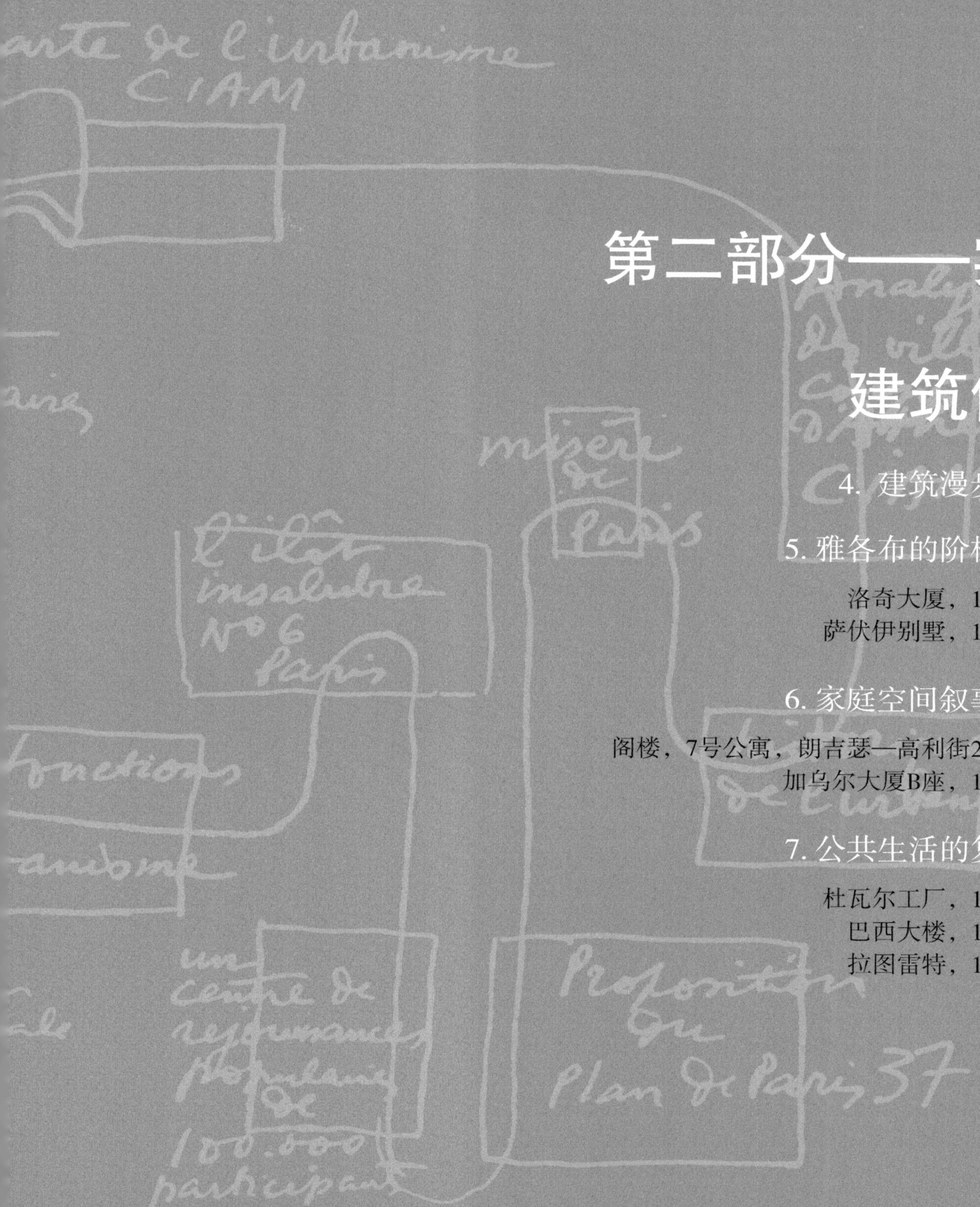
CIAM
l'îlot insalubre
N°6
Paris
misère de Paris
Proposition du Plan de Paris 37
participants

第二部分——实词

建筑修辞

图4.1　通往讲坛的楼梯，朗香教堂（1955）。

4. 建筑漫步的要素

从本书的第一部分可以得出一个关于什么是漫步的假设，那就是它是沿着一系列不同的轴线展开的一系列不断变化的视野，从黑暗开始，以光明为结束。数学比例和关系会强化它的效果。而且视野的变化中还会涉及电影技术。来自于勒·柯布西耶艺术实验的叠加的框架会在前景和背景之间产生张力，形成起伏的空间，步移景异，吸引着我们前行。最后，漫步还包括一系列空间、质感、光线、记忆、联系或者与愉悦或者理解居住的启蒙结合在一起的东西的体验。本书的第二部分将会分析这一套具有说服力的技巧是如何在他的建筑中表现自己的，从而揭示漫步发展的系谱。

在《走向新建筑》中，勒·柯布西耶提倡"仔细研究与住宅相关的每一个细节，并且对某个类型的标准进行深入研究。"[1]类型的细节也许是对于特定材料或环境来说最好的细节。《勒·柯布西耶与建筑漫步》遵循了我之前的《细节中的勒·柯布西耶》一书的逻辑关系，该书是从勒·柯布西耶在他的职业生涯中使用的类型细节的基本分类以及它背后的动机开始的。本章的目标就是要记录那些勒·柯布西耶每一个叙事步骤中具有典型性的元素。

入口或引言

进入勒·柯布西耶的领域的入口常常会被它的光芒所掩盖，在"街道上的精神安静"之后才能看清它的所在。[2]在许多情况下，它都出现在与建筑本身有一定距离的地方，或者它本身就有一些逐渐增长的元素沿着建筑路线一直到达入口处。

勒·柯布西耶对门和入口在连接不同区域时的重要作用有着充分的认识，对于他来说，它们都是"遐想的开始"[3]（图4.2）。门、地垫、把手、雨篷、地板面层、顶棚和入口的衔接——所有这些东西都在入口的设计中起着重要的作用。用《直角之诗》里的话说，门象征着两个现实之间的转换点。

正是那扇
打开眼睛的门
点燃了
交流的火花[4]

1 勒·柯布西耶，《走向新建筑》（伦敦：建筑出版社，1982），第246页。原书名为Vers une Architecture（巴黎：Crès，1923）。

2 勒·柯布西耶和皮埃尔·让纳雷，《勒·柯布西耶全集》（第1卷·1910—1929）（苏黎世：Girsberger，1943）。首次出版于1937年。

3 勒·柯布西耶，《东方之旅》（剑桥，马萨诸塞：麻省理工学院，1987），第70页。原书名为Le Voyage d'Orient（巴黎：Parenthèses，1887）。

4 勒·柯布西耶，《直角之诗》（巴黎：Editions Connivance，1989），第D.3部分，融合。首次出版于1955年。

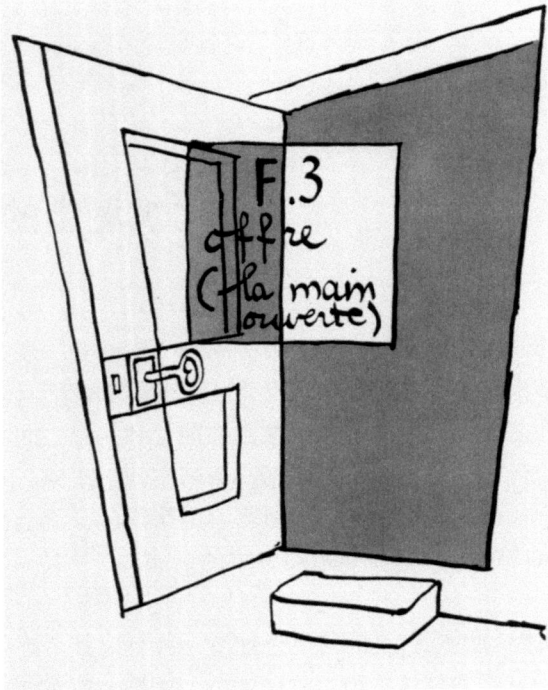

图4.2 《直角之诗》（1955）中的门。

门和眼睛几乎是可以互换的。就像在艾森斯坦的电影中那样，建筑是戏剧中的主角，与观众之间是一种紧张而热切的关系。在费尔米尼的青年中心里，观众把他或她的手放在建筑的门上那个象征团结和欢迎的手印里（图4.3）。

勒·柯布西耶总是想要强调门所承担的不同的"建筑感觉"类型，他这样写道：

对于年轻的学生，我会问：你怎么做门？多大？

你会把它放在哪儿？……我会要他们给出理由。而且我还会补充：等一下：你会开么？为什么是这儿而不是别的地方？啊，似乎你有很多解决办法？你是对的，有很多可能的解决方案，每一个方案都会产生不同的建筑感觉。啊，你意识到不同的解决方案是建筑的根本？它取决于你进入房间的方式，也就是说取决于门在房间中的墙上的位置，感觉会很不同。这就是建筑！[5]

当然，入口空间的设计本身就会影响到对门的重要性的理解。即使在他早期那些门本身非常朴素的住宅——比如说洛奇住宅中，进入的行为，即使只是穿过一扇次要的门[6]，也会有精心设计的地垫和悬挑出来欢迎来访者的雨篷（图4.4），或者是像沃克雷松的别墅那样有一个阳台做遮挡。

旋转门也许是柯布西耶的门里面最与众不同的一种门，因为它对所在的空间产生强烈的影响。它往往由与空间本身的意义一样的东西所组成，那就是当它关闭的时候，就好像它根本不存在一

5　勒·柯布西耶，《精确性》（剑桥，马萨诸塞：麻省理工学院，1991），第73页。原书名为Précisions sur un état présent de l'architecture（巴黎：Crès，1930）。

6　勒·柯布西耶基金会（之后简称为FLC）15125，H·艾伦·布鲁克斯（编写），《勒·柯布西耶档案第一卷》（纽约：Garland，1983），第489页。之后简称为艾伦·布鲁克斯，《档案一》。

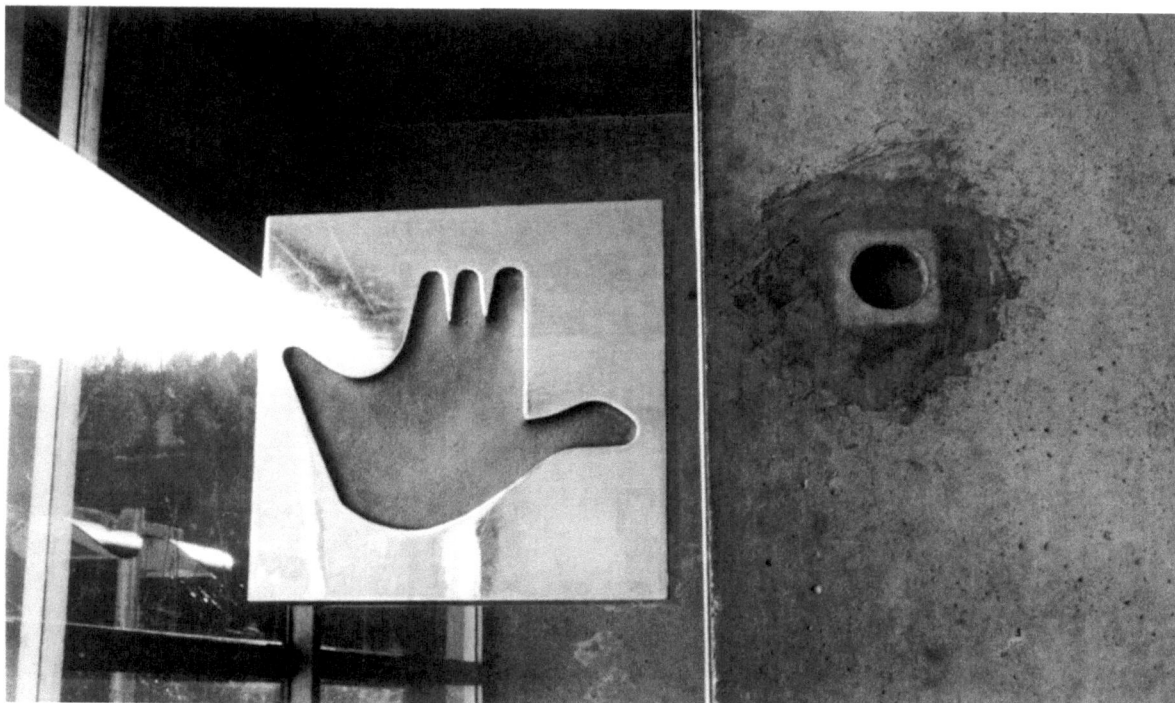

图4.3　青年中心的门把手（1965）。

图4.4　洛奇住宅中的次入口（1923）。

图4.5　皮耶罗·德拉·弗朗西斯卡（1410/1420—1492），《鞭笞》（1447）。版画，收藏于马尔什国家美术馆，公爵宫，乌尔比诺，CAL—F—008159—0000。经贝尼文化活动部门许可后复制。

样。"真正意识到了这扇小小的门赋予这面墙的建筑要素。门的其他建筑要素就是把墙分成两半。"[7]勒·柯布西耶的门中反映了这种纵向的空间划分，它经常有完全不同的两面，比如说第六章将会提到朗吉瑟—高利街24号的阁楼中进入起居室的那扇门。

在勒·柯布西耶的作品中经常可以见到旋转门——我认为一部分原因——是因为它们所具有的内在的象征意义，另一部分原因是，当它们打开的时候，它们会让人感觉到空间的流动。勒·柯布西耶在设计新时代展的旋转门时非常高兴，所以把它关上和打开时的照片都放到了《勒·柯布西耶全集》中（图3.2）。[8]朗吉瑟—高利街24号的门的旋转轴不是居中的，主要原因是为了最大限度地避免它对流线的阻挡。然而，在苏黎世的海蒂·韦伯住宅中，转轴就在门的中间，以保证人能从两边进入。

旋转门所产生的那种一分为二的视野以及一个特殊的空间视角，就像皮耶罗·德拉·弗朗西斯卡的绘画那样，深受勒·柯布西耶的喜爱（他对艺术史有着深入的了解）。[9]像《鞭笞》（1447）或者《宣告》（1452）之类的绘画的结构——同时包括了近和远的有着强烈对比的视角（图4.5）——往往会在他的空间组织中反复出现。托马斯·舒马赫写道：

[宣告的]风格……几乎和分屏没有什么区别；天使在左边而处女在右边。这些人物的组合总是对立的，形成一种双向的张力，画框也常常具有同样的张力。左/右、内和外、未来/现在、远\近都是对立的，表现了与这个事件相关的基督教教义。[10]

这种模式在勒·柯布西耶建筑中的使用频率非常高，因此它们的表达对他来说有着重要的意义。通常框架的一边是暗的，而另一边是亮的，在当下的生理世界和未来的精神世界之间形成一种张力。

有时候会有一扇门：人们打开它——就进入了——另一个领域，一个上帝的领域，或者说对整个体系至关重要的房间。这些门是奇迹之门。穿过它，人就不再是一种作用力，而是处于和整个宇宙的联系之中。展现在他的面前的是巨大的、由数字构成的网络。他置身于数字的王国中。也许他是温和的人，并且刚刚进到这里。让他留在那里，在耀眼的光芒中闪亮登场。[11]

门一直都是一个转换和联系的地方。

朗香教堂就体现了过渡和开始。装饰着珐琅、青铜和铸铁的大门（2770mm×2770mm）本身就是放在一个玻璃框里面的（图4.6）。[12]外侧和内侧的装饰是连续的，这扇充满仪式感的门就是这样突出了自己的存在，同时，也许这也是一种悖论，让内外的空间流通。门的一侧放着一块垫子，暗示着

---

7 勒·柯布西耶，《精确性》，第228页。

8 勒·柯布西耶和皮埃尔·让纳雷《勒·柯布西耶全集》（第3·1934—1938年）（苏黎世：Les Editions Girsberger，1945），第162—163页。首次出版于1938年。

9 参见史蒂芬·凯特，《建筑构造之眼》（牛津：Legenda，2009），第142—143页关于"皮耶罗和透视"的讨论，勒·柯布西耶对其中的大部分印象深刻。

10 托马斯·舒马赫，《深空间窄空间》，《建筑评论》，第CLXXXI期，1079（1987），第37—43页。

11 勒·柯布西耶，《模度2》（伦敦：Faber，1955），第71页。原书名为Le Modulor II（巴黎：今日建筑出版社，1955）.

12 勒·柯布西耶，《朗香教堂》（伦敦：建筑出版社，1957），第107页。

哪边是进、哪边是出。门和建筑的墙体之间缝隙的缝隙在避免门粗暴地把石头上的线脚一分为二的同时，还可以为它戴上一个耀眼的光环（图4.7）。

朗香教堂的门并没有强调自我，而是用各种手法来表现自己：通过绚烂的珐琅表面和周围墙体之间的强烈对比；通过它的尺寸；通过它深嵌在纪念性的墙体上的方式；通过它那独立框架的存在；通过它夸张的门把手；通过它下面光滑的石材地板和它周围的圣水等元素的编排。它上面装饰着构成了摩根·克鲁斯特鲁普整部书的主题的符号。[13]昌迪加尔议会的珐琅门所处的位置与维卡拉马迪亚·普拉卡什所说的"伊甸园的潜台词"很相似。[14]非常重要的是，勒·柯布西耶在朗香教堂的门上进行装饰的手法有着重要的意义，它把古时候用具有神奇的辟邪功能的东西来装饰门的行为发挥到了极致。用什么样的方法才能让站在建筑漫步开端的新手更好地了解探索的意义呢？[15]

让感觉变得敏锐的前厅

门的后面就是前厅的空间，有时候它仅仅是吊顶高度或者地面材料的一个变化，但是通常它会以门厅、前厅或者大厅的形式出现。我更喜欢把这个空间看做《直角之诗》中"背景"或者环境的部分，它为之后要发生的事情设置了一个场景，迫使读者集中精力参与其中。这一点可以通过墙面、顶棚和地面采用同样的材料来实现，通过细节的缺失来形成尺度感；通过在几何上对前厅自身或者它的边界的呼应，以及通过镜子和玻璃的使用来实现。威廉·柯蒂斯在写到卡朋特中心的门厅时这样说道：它的"外部特征被体验成了内部特征"而且还需要"花一点力气才能把注意力集中到房间本身"。[16]有时候它会在建筑的外墙上占据一个奇怪的位置，模糊了内外空间的边界，为它的过渡状态增添了一丝神秘感。

前厅通常是方形的。对于勒·柯布西耶来说"圆形或者方形的封闭的同心形式……对我产生了深刻的影响。"[17]方形，就像《走向新建筑》（图2.14）中所提到的柏拉图实体一样，一直被用于在某个特定空间创造一种凝聚力。在他位于赛弗雷斯大街的办公室中，勒·柯布西耶根据模度的比例建造了一个非常小的、2.66米×2.66米×2.66米的立方体空间，他称其为"展示工具"。[18]勒·柯布西耶后期的几栋建筑，尤其是巴西住宅中，又在入口处重申了这个小小的立方体。水也是经常出现在前厅空间的里

13　摩根·克鲁斯特鲁普，《电邮之门》，（哥本哈根，建筑出版社，1991）。

14　维卡拉马迪亚·普拉卡什，《昌迪加尔的勒·柯布西耶：后殖民时期印度的现代性斗争》（艾哈迈达巴德：Mapin，2002），第74页。

15　更多关于朗香教堂中的门的象征意义的讨论可以参见弗洛拉·塞缪尔，《勒·柯布西耶，建筑师和女权主义者》（伦敦：Wiley，2004），第126—128页。

16　E·赛克勒和威廉·柯蒂斯，《工作中的勒·柯布西耶：卡朋特视觉艺术中心的起源》（剑桥，马萨诸塞：麻省理工学院，1978），第26页。

17　同上，第75页。

18　《应用启示》。勒·柯布西耶，《勒·柯布西耶全集》（第5卷·1946—1952年）（苏黎世：建筑出版社，1973），第185页。首次出版于1953年。

图4.6　朗香教堂南大门（1955）。

图4.7　朗香教堂南门室内（1955）。

面或者周围。[19]净化活动是新建筑的普遍象征。在备受勒·柯布西耶推崇的拉图雷特修道院中，回廊旁边有一个小小的洗手亭用来举行这个仪式。我认为对于勒·柯布西耶来说，清洗意味着重新开始，这也是上一章中所提到的拉伯雷在《巨人传》中对庞大固埃的圣瓶中的神谕之旅的描述。[20]

质疑——理解居住

勒·柯布西耶那条戏剧之弧中接下来的那一步就不是那么容易描述了。它出现在供人居住的首层，当然，对于底层架空的建筑来说，就是一个在形式上非常自由的空间。用勒·柯布西耶的话来说，这里就是审视不同观点并且提出问题的地方。在他的住宅建筑中，它构成了主要的起居空间，为居住提供不同的可能性。有的时候，它是轻松愉快的，它会"展示出超乎预料的空间。"[21]它里面包含了无数的支路和次目的地（sub—destinations），以及像吃饭、在火炉边沉思或者做决定的地方这样充满仪式感的场所。

在第一章最后关于圣波美的讨论中，我提到了勒·柯布西耶对身体是进入精神王国的通道这种想法的关注。如果是这样的话，那么勒·柯布西耶叙事过程中这个质疑的步骤在很大程度上是关于肉体的、肉体的压力、食物和愉悦，常常扮演着让人从主要的漫步中分心的角色。虽然，就像阿里阿德涅的金色线团一样，读者总是会被拉回到重新定位的地方并到达精神之旅的顶点。

再定位

勒·柯布西耶认为人有一种"向着某个地方的重力中心前进"的倾向[22]，这一点在他的建筑中总是以楼梯或者坡道的形式出现，而往往是非常从容的、与远处的、在庞贝的银婚府邸中完美呈现的光结合在一起。如果说勒·柯布西耶叙事过程中的质疑阶段是关于肉体的，那么这个阶段就是关于精神的，是通往天空的路线。

观众可能已经看过了位于漫步开始的地方的楼梯，或者已经沿着坡道上了一层，但是远处的光的诱惑和通向主要的起居层的视野吸引着他们在回到漫步路线之前先去探究建筑在水平方向上的延伸。感觉是，考虑到勒·柯布西耶的建筑以及他那些关于居住空间中的精神本质的言论所带来的开始的动力[23]，在真正理解前一个阶段的内在含义之前，读者还没有准备好开始竖向的攀登。这里我想

---

19 在安特卫普的里普希茨住宅、吉耶特住宅（1926）迦太基的别墅（1929）中，水池都正对着门，日内瓦的万纳项目（1928/29），艺术家公寓（1928/29），阿尔及尔住宅（1933）。

20 弗洛拉·塞缪尔，《勒·柯布西耶、拉伯雷和圣瓶中的神谕》、《文字与图像：字面/视觉探寻日志》，2000年第16期，第1—13页。

21 勒·柯布西耶，《与学生的对话》（纽约：普林斯顿建筑出版社，2003），第46页。原书名为Entretien avec les étudiants des écoles d'architecture（巴黎：Denoel，1943）。

22 勒·柯布西耶，《走向新建筑》，第177页。

23 勒·柯布西耶，《柯布神父的遗嘱》，第91页。原书名为Mise au Point（巴黎：Forces—Vives，1966）。

92

图4.8　贝斯特古公寓中的螺旋楼梯（1930），摘自《勒·柯布西耶全集》。

到了勒·柯布西耶在罗列他自己的作品时所采用的修辞手法，在回答听众的问题时，排除异议，建立起气势、张力和兴奋点。

就像他想出了有限的几种门的类型一样，勒·柯布西耶也设计出了有限的几种楼梯和坡道的类型，并且在之后的职业生涯中反复地使用和修整。[24]其中包括螺旋楼梯、双跑楼梯、悬臂楼梯，它们都在精神漫步中起着不可或缺的作用。扶手也是从有限的几个类型中选取的。他不会允许在一栋建筑中完全采用同样类型的楼梯（除非楼梯对于漫步来说是无关紧要的），而且它们在平面中的位置也会不断地变化。在像马赛公寓那样的大型项目中，从下往上有一整套的楼梯类型——一种是轻如鸿毛的爬梯——另一种是混凝土实体。[25]

从整体上来说，柯布西耶的楼梯起着标记和重新定位作用，在他的建筑中扮演着分离的角色。正如蒂姆·本顿所发现的那样，在早期的别墅中，螺旋楼梯形成了"跨越整个房子的服务大动脉"。这个主题"以类似的意义反复出现，把生物形态的分析，无论是主干的还是支流的，带到特定的结论中。"[26]在《精确性》中，勒·柯布西耶谈到了螺旋楼梯这种"纯竖向的器官"是如何"自由地插入到水平构成中去的"。[27]实际上，他把贝斯特古公寓中通往屋顶的楼梯描述成"一部没有触及楼板的螺钉型楼梯。如果它碰到了它，就会打破它"（图4.8）。[28]在这里螺旋楼梯与水平向的空间

24　蒂姆·本顿，《重访佩萨克和莱日：标准、尺寸和失败》，《马赛人》2004年第3期，第64—99页。

25　勒·柯布西耶，《勒·柯布西耶全集》（第5卷），第214页。

26　蒂姆·本顿，《勒·柯布西耶的别墅1920—1930》（伦敦：耶鲁，1987），第143页。

27　勒·柯布西耶，《精确性》，第135和138页。

28　勒·柯布西耶和皮埃尔·让纳雷，《勒·柯布西耶全集》（第2卷·1929—1934年）（苏黎世：建筑出版社，1995），第57页。首次出版于1935年。

图4.9 海地・韦伯住宅中的楼梯（1966）。

图4.10　一个不稳定的楼梯。位于加歇的斯坦·德·蒙奇别墅。摘自《今日建筑》，皮埃尔·舍纳尔（1930）。

体验产生了强烈的对比。螺旋形，就像我们在第二章中看到的那样，在重复同样的路线的同时在每一圈都有所发展，它对他的进化和时间概念来说是非常重要的。通过让读者登上螺旋楼梯，勒·柯布西耶把他或她放到了他的标记里面，以达到非同凡响的效果，就像他在圣波美所设计的那样。

接下来的楼梯，是双跑楼梯的一种变形，它的踏步从混凝土板的两侧悬挑出来。[29]在其他几个项目——比如说早期的普拉内克斯住宅、马赛公寓的消防疏散楼梯以及海地·韦伯住宅（图4.9）——中也能看到有着独立高塔的这种类型的楼梯。在海地·韦伯住宅中，倾泻而下的自然光强调了楼梯在整栋房子中的独立性，这种手法进一步强化了戏剧性场景的感觉。往上看阳光非常刺眼，感觉就像楼梯一直升到了空中一样。这是一部非常经典的重新定位的楼梯。每个梯段的第一个踏步都非常明显的与主体结构脱开。它与现实之间脆弱的联系给观众传达出一种警示的信息。条钢的栏杆非常的纤细，几乎产生不了什么安全感。

在我所写的《细节中的勒·柯布西耶》第一卷中，我关注了楼梯的一个子类型，我把它叫做"不稳定的楼梯"（图4.10）。这种楼梯经常出现在漫步的高潮，在我看来，它们是被用来让那些有点

29　J·斯特林，《从加歇到焦尔：居住建筑设计师勒·柯布西耶在1927和1953》，摘自艾伦·布鲁克斯，《档案第二十卷》，第10页。

图4.11　奥占方工作室（1924），摘自《勒·柯布西耶全集》。

恐高的人产生恐惧感，这种感觉在勒·柯布西耶还是个走在父亲身边的小孩子的时候一定有过深刻的体验——对高度的恐惧，对可以站立的地方、可以抓手的地方和它们的作用的认识，以及对天性的体验。

艾森斯坦相信"唯一能够得出最后的、可以理解的意识形态结论的办法"[30]就是利用"每一个可以被证实并经过数学计算以恰当的方式来形成某种情感触动的元素"。[31]最后，这就是"通往知识之路"。勒·柯布西耶的作品中也有非常类似的东西在起作用。被蒂姆·本顿称为勒·柯布西耶的"第一次人为的、相当曲折的建筑漫步实践"的奥占方的工作室就是一个例子（图4.11）。[32]在这里读者爬上一系列复杂的楼梯，到达工作室之后发现只能通过一架两倍高的梯子才能进入那间内向的、长得很像子宫的书房，进入之前不确定的片刻会让这种感觉更加强烈。

这个不稳定的楼梯非常陡。它是由细混凝土或钢制成的，看上去就像折纸一样。它通常是靠一根藏在阴影里或者从墙面悬挑出来梁来支撑。它的扶手非常纤细。郎香教堂有三部这样的楼梯，比如说北立面的那一部。[33]通往讲坛的楼梯特别让人望而生畏，尤其是在众人目光注视之下的时候（图4.1）。地面和第一个踏步之间的空间看上去就像是尘世和精神王国的分离（图4.12）。另一个不稳定的楼梯出现在马赛公寓的屋顶上，在那里楼梯和地面的交接处是一个粗糙的混凝土台阶，朝向几乎是

30　谢尔盖·艾森斯坦，《蒙太奇的诱惑》摘自《电影感觉》（伦敦：Faber and Faber，1943），第181页。
31　同上。
32　蒂姆·本顿，《别墅》，第37页。
33　FLC7204，艾伦·布鲁克斯，《档案第二十卷》，第41页。

0 ╚50mm

0 ╚1mm

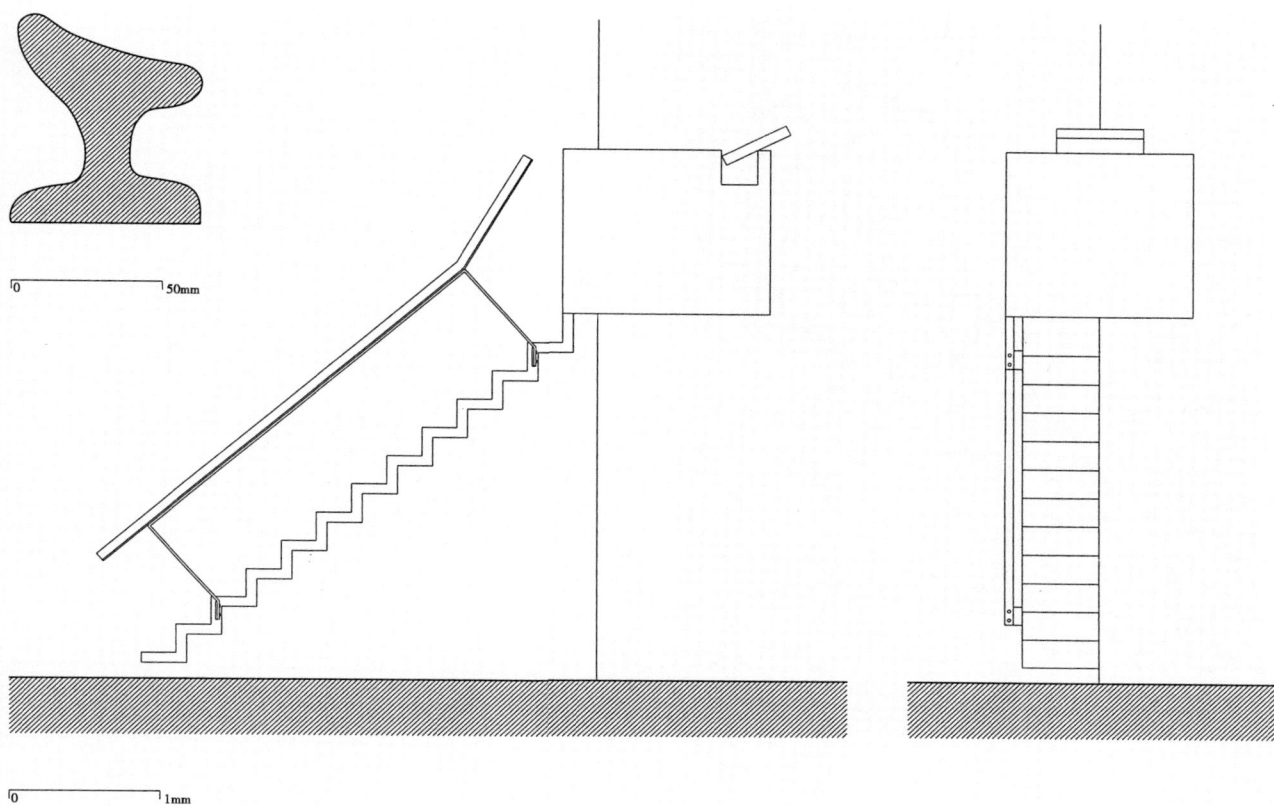

图4.12　朗香教堂中通往讲坛的楼梯图纸（1955）。

图4.13 马赛公寓中通往最高层的楼梯（1952）。

手工制作的梯面（图4.13和图4.14）。不稳定的楼梯在重新定位的序列中起着重要作用，因为它很吓人，所以它迫使读者重新把注意力集中到身体和它当下的需求上来。

同时，勒·柯布西耶完全有能力设计出能够缓解最险处的眩晕感的护栏，他曾多次纵情于巨大的高度所带来的戏剧性。[34]本顿是这样描写奥占方工作室的：

在后来无数的项目中，勒·柯布西耶在环绕房间的进程中布置了最后一步，它几乎可以达到危险的程度——斯坦别墅屋顶上陡峭的旋转楼梯或者是萨伏伊别墅的第一轮方案、郎香教堂走廊一侧暴露的、几乎没有女儿墙的屋面——所有这些都似乎是在考验勇敢的业主以及他的读者。[35]

楼梯可以通过材料的坚硬或者脆弱，通过实与虚、可靠性以及扶手和踏步的高度，当然还有它们在空间中的位置，表现出让人畏惧的效果。

勒·柯布西耶从能够形成俄耳浦斯数字力量的开端的路线这个角度进行思考，就像《巨人传》中庞大固埃所经历的那样，所以楼梯和坡道必须严格遵循模度就显得尤为重要。例如，在很大程度

---

34 勒·柯布西耶非常清楚眩晕感意味着什么。勒·柯布西耶，《当教堂是白色的时候》（纽约：Reynal and Hitchcock，1947），第65页。原书名为Quand les cathedrals é taient blanches（巴黎：Plon，1937）。

35 蒂姆·本顿，《别墅》，第37页。

200mm

0

1m

0

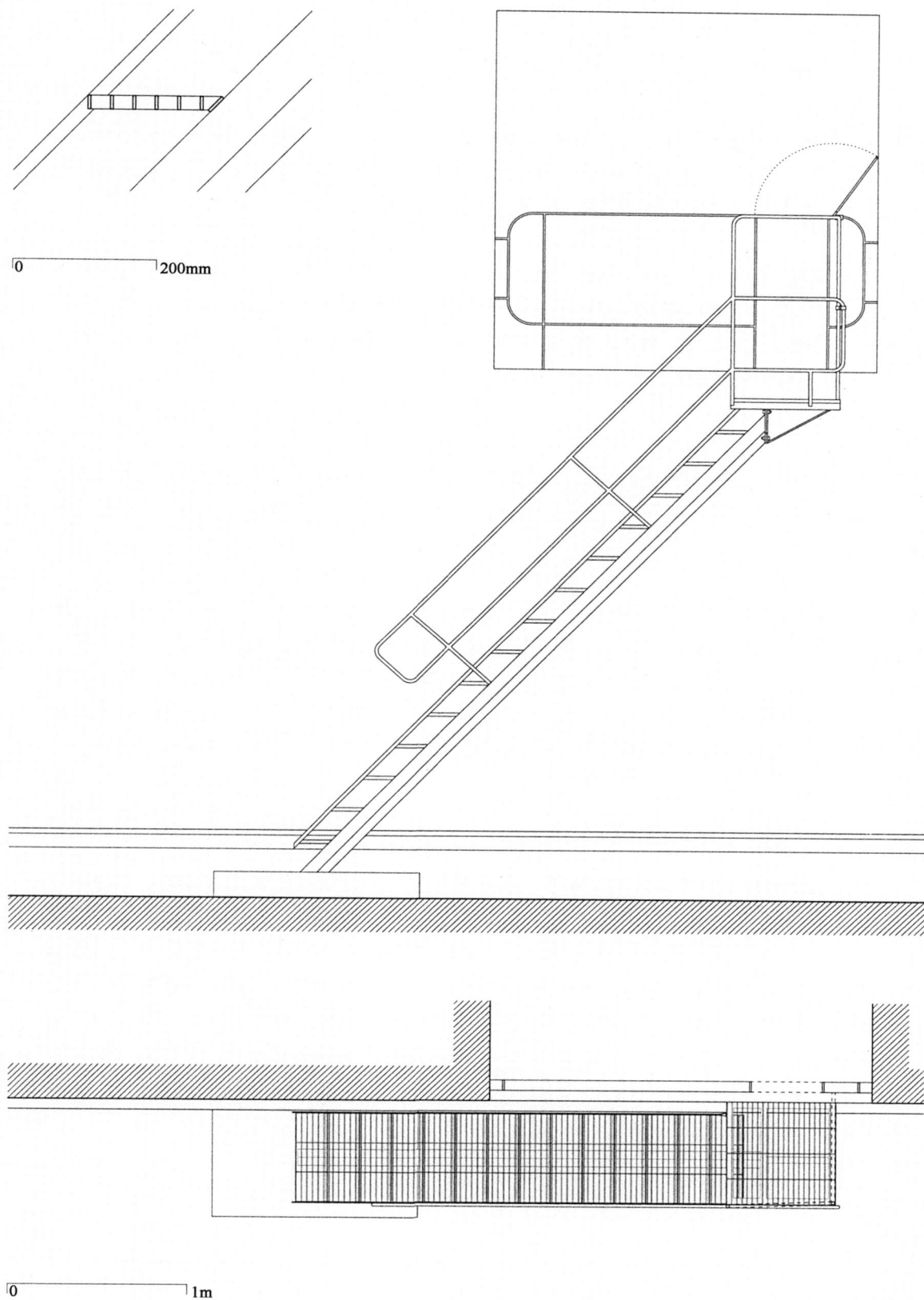

图4.14　马赛公寓中通往最高层的楼梯（1952）。

上，卡朋特中心（图4.15）就是这种情况，用柯蒂斯的话说，在那儿，"在坡道的凹槽、中间的停顿以及底层架空柱和其他慢慢消失的元素的比例中体验'建筑漫步'也是对建筑音乐中肌肉运动的空间节奏——勒·柯布西耶的'建筑声学'中的小节和音符——的直接认知。"[36]

勒·柯布西耶的全套说辞就是在重新定位的空间中形成的。光的出现会引发好奇心。材料的对比会刺激触觉。令人望而生畏的缝隙和空间手法会强化张力。周边的曲线及仿生形体会激发肉体的快感，而锯齿形的踏步和粗糙的金属会形成一种对侵蚀和坠落的恐惧。同时，模度比例的应用在身体和空间之间形成了热烈的对话。

高潮

漫步在屋顶达到高潮，穿过建筑的轴线在这里终结，天气好的时候，也许还可以看到太阳或者月亮。仅仅是屋顶空间的效果是不够的，这里还有进一步的设计，尤其是框景，会把这个体验的张力强化到最大。

贝斯特吉公寓中的日光浴室很好地说明了这一刻的景象，复杂的漫步在朝向天空的四面石墙中达到高潮（图4.16）。日光浴室的门也是用石板制成的，这就意味着当门被关上的时候，就只剩下纯净的光——在这里"石门再次让自己与日光浴室结合成一体"（图4.17）。[37]所有的注意力都集中在草地、四面墙和云彩的变幻上，房子的"顶点"、这栋"小房子""也许就是一次动人的塑造活动"。[38]这种富有雕塑感的空间、天空的框景，后来成了勒·柯布西耶建筑中的一个特点。

结论

这是构成建筑漫步每一个步骤的典型要素，但是它们在每栋建筑中的使用方法却不尽相同。在接下来的三章会从洛奇大厦令人困惑的开端开始，随着漫步的展开，一直讲到萨伏伊别墅及其以后的作品中的生动诠释。早期的住宅方案基本上是建立在以一系列平面为基础的空间理念上的，而后期的方案，比如说朗吉瑟—高利街24号和加乌尔大厦B座，空间被看做根据拱形结构原则相互叠加在一起的一组体量。在这里，萨伏伊别墅中严格的叙事结构已经开始有所松动，显得更加丰富和微妙。这个过程在后来的复杂项目——尤其是拉图雷特修道院——中得到了极致的表现。

36　E·赛克勒和威廉·柯蒂斯，《工作中的勒·柯布西耶》，第182页。
37　勒·柯布西耶和皮埃尔·让纳雷，《勒·柯布西耶全集》（第2卷），第54页。
38　同上。

图4.15　卡朋特中心（1961）的坡道，摘自《勒·柯布西耶全集》。

图4.16　贝斯特吉公寓（1930）中的日光浴室，
摘自《勒·柯布西耶全集》。

图4.17　贝斯特吉公寓（1930）中进入日光浴室的门，
摘自《勒·柯布西耶全集》。

图5.1　雅各布的梯子，摘自《阿尔及尔之诗》（1950）。

5. 雅各布的阶梯式漫步

本章的重点是从黑暗到光明的雅各布的阶梯路线（图5.1）。[1]这是基本的漫步类型。安特卫普的吉耶特大楼（1926）中的楼梯清楚的表现了《圣经》中的阶梯[2]和漫步之间的联系，勒·柯布西耶把它和"查理·卓别林在《寻子遇仙记》（The Kid，1921）中攀爬的楼梯雅各布之梯"[3]联系起来。实际上，在我看来，勒·柯布西耶所有的漫步都是从这个原始母题、一个不断重复的从地面到天空的简单行进路线（图5.2）展开的。

第一个明确但是还处于萌芽状态的使用漫步是在洛奇大厦中，由于用地紧张，它很难实现像萨伏伊别墅那样的宽敞空间和多米诺骨架、经典的雅各布阶梯式漫步类型以及所有其他的资料。在这里，前面章节中所提到的勒·柯布西耶叙事路径中的五个步骤成了这两个非常重要的旅程的重要特征。

《直角之诗》以阶梯的形式（图2.22）赞美了水平和垂直的方向。水平方向上的"补充和自然"[4]象征着土地、肉体、睡眠和死亡，而垂直方向代表着运动、改变和精神的王国。虽然勒·柯布西耶只是用这种技巧来达到某种平衡，但正是在《直角之诗》从圣障底部的"工具"部分升起的垂直线最终占据了主导地位，就像他的作品中关于太阳在水面上的作用的复杂图解所表现的那样。[5]

洛奇大厦，1923—1924

从巴黎贾思明地铁站附近高档住宅区走一小段路，就到了洛奇大厦。[6]洛奇大厦的基地位于巴黎的一条死胡同里，它与构想中的让纳雷大厦就像是难以分辨的孪生兄弟。[7]这栋为一位"现代艺术收

1 参见勒·柯布西耶《阿尔及尔之诗》（巴黎：Editions Connivances，1989），第8页。首次出版于1950年。

2 《创世纪，28:11—19》。

3 勒·柯布西耶和皮埃尔·让纳雷，《勒·柯布西耶全集》（第1卷·1910—1929），（苏黎世：Girsberger，1943），第136页。这部电影有很多个版本，但是1971年卓别林编辑的版本中没有出现雅各布之梯的形象。但是在卓别林个性的另一面，有着强烈的把他所处的贫民窟变成开满鲜花的天堂的愿望，在那里，所有他认识的人、包括狗在内，都长着一双翅膀。这两个世界之间的对立后来被打破了。勒·柯布西耶非常崇拜卓别林——把他放到了《电子之诗》的形象之中——他在很多勒柯布西耶的心爱之物中都有出现。

4 皮埃尔·若弗鲁瓦，"为什么越伟大的建筑越难受欢迎？"《巴黎竞赛》，1965年9月11日。引自N·F·韦伯，《勒·柯布西耶的一生》（纽约：Knopf，2008），第20页。

5 勒·柯布西耶在这幅图解中所画的奇怪的十字是我们所熟知的基督教中有殉难耶稣像的十字架的反转。

6 温迪·雷德菲尔德在对洛奇大厦和让纳雷与奥占芳工作室的历史性描述中曾对文脉的缺失做出过评论。温迪·雷德菲尔德，《被压制的基地：两个纯粹主义作品对基地影响的揭示》，摘自C·J·伯恩斯和A·康，《基地问题：设计概念、历史和策略》（伦敦：Routledge，2005），第185—222页。

7 关于这些住宅演变的广泛讨论可以参见蒂姆·本顿，《勒·柯布西耶别墅1920—1930》（伦敦：耶鲁，1987），第44—76页。

图5.3　从布拉什博士街看洛奇大厦（1923—1924）的景象，2009年。

图5.4　大树形成了洛奇大厦（1923—1924）的大门。照片摘自《勒·柯布西耶全集》。

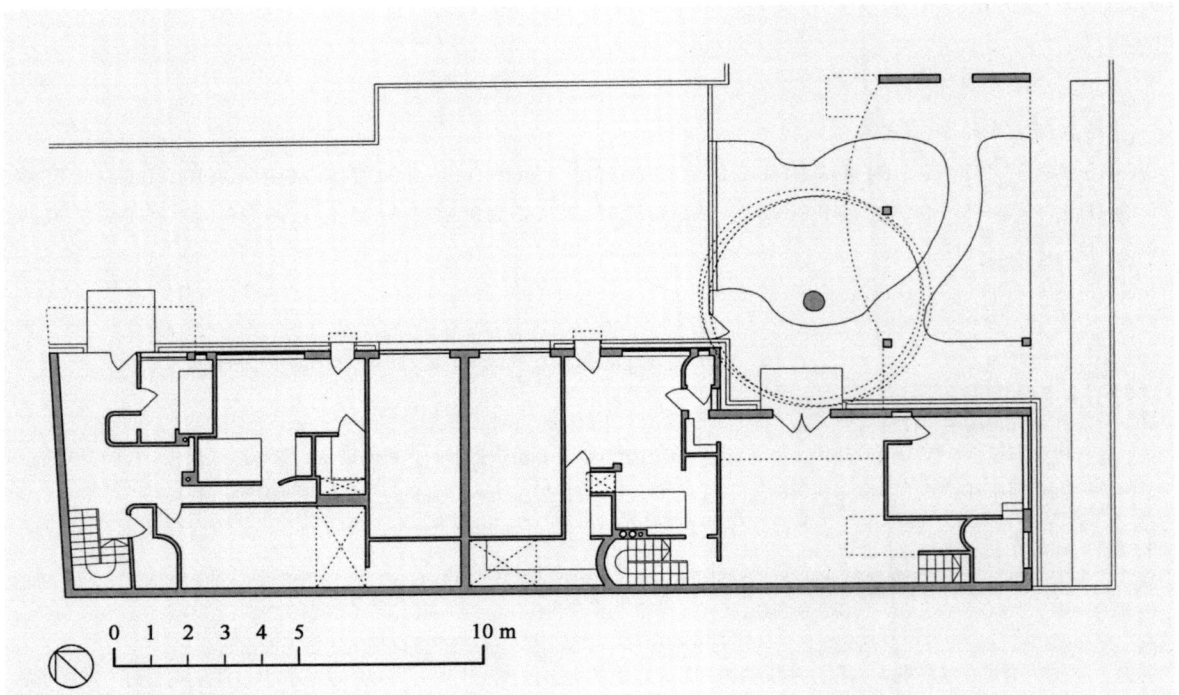

图5.5　洛奇大厦（1923—1924）首层平面图。

图5.2　加歇的斯坦·德·蒙奇别墅漫步的高潮。摘自《当代建筑》，皮埃尔·舍纳尔（1930）。

藏家和对于艺术饱含热情"的单身汉所建的房子用勒·柯布西耶的话说"有点建筑漫步的意思"。[8] 虽然勒·柯布西耶在这里用了试探性口气，也许它反映了他脑子里漫步的概念还没有完全成形，但他对整个建筑路线的描述却是非常精确的。

一进门：壮观的建筑景象就抓住了人的视线；一段步移景异的旅程就这样展开了；人与洒满墙面或投下阴影的阳光嬉戏。凹槽打开了通向外面的视野，通过它们可以看到建筑的统一性。在室内，第一幅多彩的画面是通过色彩之间的相互作用而形成的，它构成了"建筑的伪装"，也就是说某些体量的确认或者反过来，它们的消隐。建筑的室内一定是白色的，但是为了让人察觉到这一点，需要有一幅精心布置的彩画；阴影中的墙面是蓝色的，阳光下的则是红色的。[9]

从上面这段话可以看出，柯布西耶把建筑视作空间中的诗篇，通过透视、体量、光和色彩，营造了一系列不同的空间体验，吸引人们去发现眼前无法言喻的空间之外的世界的可能性。

开端

沿着安静的布拉什博士街往里走会让人的心情一点点平静下来，增加了人们对路尽头那个即将出现在眼前的、帕拉第奥式的、被一棵大树的树干掩映着的立面的期待感（图5.3），这棵树对整个方案来说至关重要。穿过前院简洁的铁栅门，读者会看到一扇随着画廊的曲线而变化的门，而门左侧的树所形成的角落，暗示着建筑入口空间的开始（图5.4）。它并不像底层架空柱那样是勒·柯布西耶的入口序列中最优雅或者清晰的一个，尽管它们为主入口带来了一片树荫。入口的重要性体现在了三层高、把画廊和图书馆与建筑的居住部分分隔开的地方。（图5.5）

洛奇大厦中简单的双扇门以它们的形状和尺寸，而不是每个门扇上罗马式的球形门把手和突出它们的垫子来体现着自身的存在。门的内侧，在越过头顶的走道上设置了挑廊，让开端有了纵深

8　勒·柯布西耶与皮埃尔·让纳雷，《勒·柯布西耶全集》（第1卷），第60页。

9　同上。

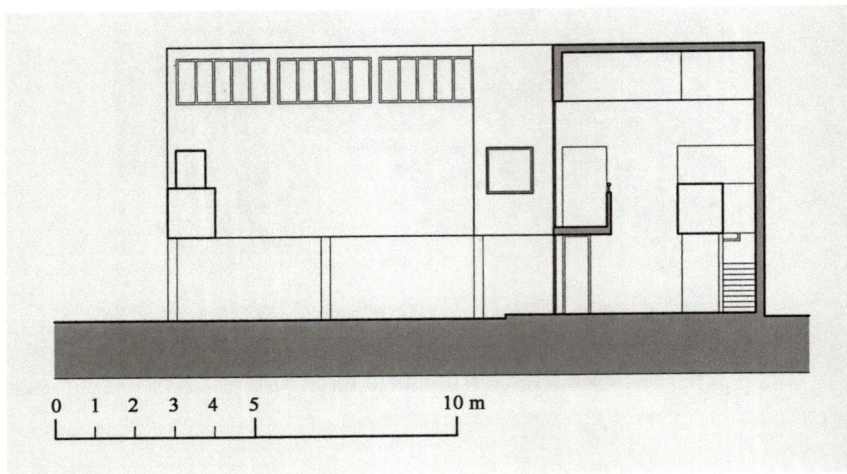

图5.6 穿过洛奇大厦（1923—1924）入口的剖面。

图5.7 主入口左侧蓝色的墙面。洛奇大厦（1923—1924）。

感，并且让那些从外面看起来显得很小的门出其不意地出现在眼前（图5.6）。这个强烈的横向空间在两端是打开的。结果，水平向的张力很强，一直延伸到空间的边界之外，在读者进入之前紧紧地抓住和保护着他们。外围的墙体被刷成了令人惊讶的深蓝色，就像前面的引文所描述的那样，把渐渐消失在远处的东西带到了读者的面前（图5.7）。同时，铺了白色瓷砖的地板与墙面形成的斜角用它那微小而持久的力量侵蚀着水平向的张力。

让感觉变得敏锐的前厅

虽然在这个项目中前厅的范围很不明确，但是它让人的感觉变得敏锐的作用却在三层高的入口大厅中得到了戏剧化的表现，从入口上方的走道中上来的人能够强烈地感觉到他的广阔区域（图5.8）。德博拉·甘斯写道：

精心布置的墙洞、楼梯和阳台把门厅的空间和表面分成了若干层，以一种三维的方式暗示着轴线……漫步根据某些固定的活动之间的关系编排了穿过这些层的运动，比如说阳台。[10]

房间在勒·柯布西耶的时代被看做放置艺术品的容器，它本身也通过刷上各种颜色参与到迷惑和吸引人的游戏中来。

通往图书馆和上面的画廊的楼梯间是后侧采光的，它直插进门厅之中，而通往屋顶花园的楼梯间则被塞到了一面墙的后面（图5.9）。它们宽度上的差异，前者宽880mm而后者宽780mm，只是为了强调通往屋顶花园路线是次要的，尽管它们的扶手的细节是一样的（图5.10）。通往屋顶花园的次要路线（图5.11）穿过了建筑中的起居空间，这里并没有像主要路线中的重点那样值得讨论的东西。

---

10 德博拉·甘斯，《勒·柯布西耶导则》（普林斯顿：普林斯顿建筑出版社，2006），第58页。

106

图5.11　洛奇大厦（1923—1924）居住一侧的屋顶花园。照片拍摄于2009年整修工作完成之后。

图5.8　洛奇大厦（1923—1924）的主门厅。

图5.9　朝向洛奇大厦（1923—1924）居住一侧的楼梯间的洞口。

图5.10　洛奇大厦（1923—1924）楼梯扶手细节。

图5.12 从洛奇大厦（1923—1924）一层看画廊的景象。

图5.13 洛奇大厦（1923—1924）画廊入口。

质疑——理解居住

在大厅入口处，流线明显地沿着画廊的楼梯往左边偏了，把人从大厅引开，然后又出其不意地在一层一个小小的挑阳台和之后的前厅空间中返回这里，似乎那里才是真正进入这栋建筑的入口，就像文艺复兴时的宫殿里主层一样（图5.12）。这些要做出一些决定——是穿过阳台，经过巨大的窗户和树阴进入生活起居的一边，还是去到洛奇大厦的画廊，当它打开的时候能看到灿烂的阳光，但是当它关闭的时候，又深深地隐藏在双扇门的阴影里。

门口的处理让空间变得更加丰富，这个地方被处理成罕见的清晰和明确。比如说，地板面层的变化以及上面的阳台让画廊的入口变得很复杂（图5.13）。中间是一张黑色的石桌，它是勒·柯布西耶后期作品中祭坛式桌子的先驱。它被放置在抛光的黑色地板上，再次强调了它在空间中的重要性。它的左边是一条沿着外墙的、很陡的弧形坡道（图5.14和5.15）。它的下方是一面非常奇怪的镜子，造成了坡道是一直延伸到下面某个虚拟空间的假象（图5.16）。

显然，这个画廊，以及所有的画廊，都应该是为了引发思考而设计的。洛奇大厦的画廊中挂满了勒·柯布西耶以及与他同时代的画家的作品，构成了一篇关于空间可能性的文章。虽然洛奇和勒·柯布西耶是一直都很要好的朋友，但是这位艺术品收藏家因为勒·柯布西耶挂他的画而与其发生了争吵，对此他很有看法。克里斯多夫·皮尔逊写道："在勒·柯布西耶的理论中，艺术品只有在一个独立的、主导的、远离其他干扰元素的位置上才能表现出它在形而上的影响力"。[11]因此，也许

---

11 C·E·M·皮尔逊，《艺术和建筑在勒·柯布西耶作品中的结合，从装饰主义到"主要艺术的综合"的理论与实践》，未发表的博士论文，斯坦福大学（1995），第95页。

图5.15　从洛奇大厦（1923—1924）的画廊。

图5.16　洛奇大厦（1923—1924）画廊坡道下面
的镜子。

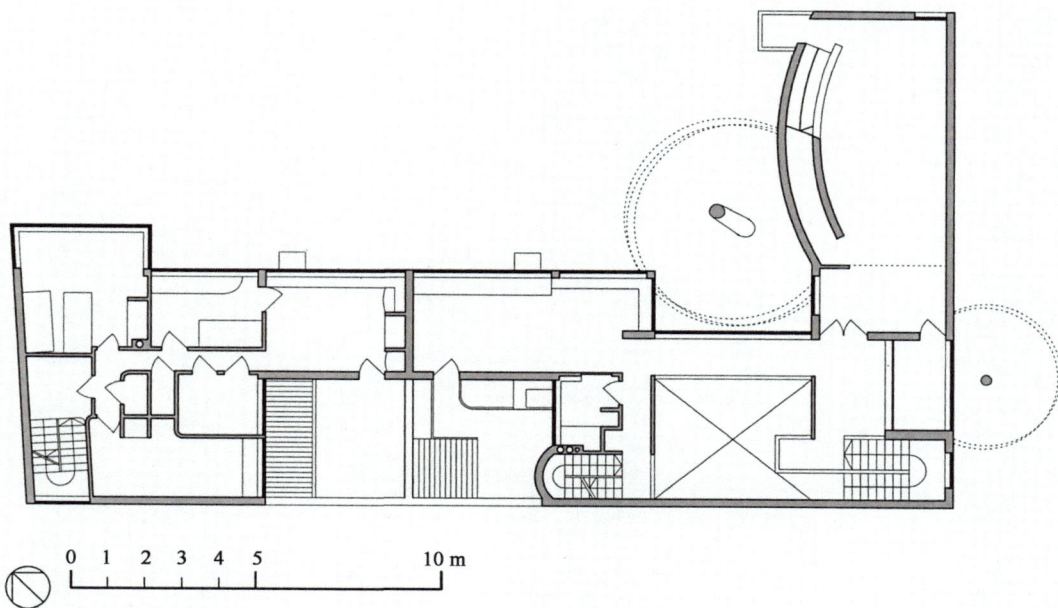

图5.14　洛奇大厦（1923—1924）一层平面图。

图5.17　从洛奇大厦（1923—1924）前面及后面的树扮演着主要定位点的角色。

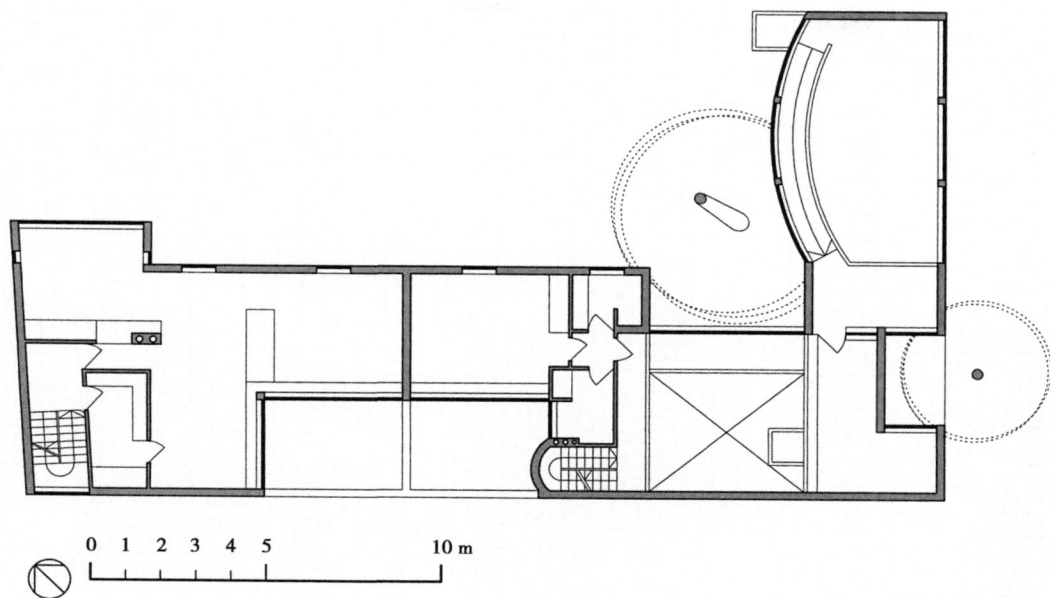

图5.18　从洛奇大厦（1923—1924）二层平面图。

对于一个被设计成画廊的建筑来说非常具有讽刺性，勒·柯布西耶"坚决"坚持某些地方不能挂画[12]导致他那位精明的业主抱怨说："我委托你设计一个'展示我的藏品'的架子。你给我的是'一首墙面写的诗'。这该怪谁？"[13]整栋建筑被设计成一段统一的叙事，没有被那些原本打算展出的不同画作所干扰。

再定位

由于这栋建筑中的楼梯和坡道进行了出人意料的转变，所以主要的定位点就变成了环抱着建筑的两棵树，一棵在房子的前面，一棵在房子的后面（图5.17）。勒·柯布西耶曾令人费解的写道："人们恰恰是在外面才能看到建筑的统一性。"[14]这两棵树在所有的平面图中都占据着重要的位置，甚至还在图纸上表现了它们树干的倾斜（图5.18）。这些"值得尊重的古树"[15]对建筑的概念性框架有着至关重要的意义，树成了勒·柯布西耶的象征语言的落实点。在《勒·柯布西耶全集》中，洛奇大厦之后的里浦希茨住宅方案，也是类似的通过树来定位的。树在洛奇大厦中起到了高度复杂的空间中的定位点的作用。

12　蒂姆·本顿，《别墅》，第63页。
13　洛奇大厦档案，Doc 506 bis，1926年5月24日。引文出处同上，第71页。
14　勒·柯布西耶和皮埃尔·让纳雷，《勒·柯布西耶全集》（第1卷），第60页。
15　同上，第64页。

图5.19 从洛奇大厦（1923—1924）底层的门厅正好能看见图书馆的天窗。

图5.20 洛奇大厦（1923—1924）书房。

高潮

另一个定位点是图书馆的天窗，站在门厅里刚好可以看见它（图5.19）。在勒·柯布西耶的禁欲主义世界里，通过画廊的空间复杂性而强调出来的图书馆构成了通往知识之旅中真正的高潮（图5.20）。在《细部中的勒·柯布西耶》中，我对勒·柯布西耶的天窗进行了分类。这个特殊的天窗的设计着重强调了天空的景象以及阳光的进入，一个纯粹的蓝色方块，白云自由地飘过，窗框、插销和窗棂的细节让这一切完美呈现。

总结

洛奇大厦很好地说明了建筑漫步发展的早期阶段，那时候勒·柯布西耶还没有完全意识到它的潜力。在这里，戏剧之弧还很难描述，因为它们不像之后的方案那样明确（图5.21）。勒·柯布西耶写到了编排的"痛苦"[16]，在蒂姆·本顿对项目进展的描述中清楚地表达了基地严格的限制条件。[17]显然勒·柯布西耶已经充分意识到了我所提到过的这条路线中的一些缺点，比如说主入口不是在架空柱的下面以及缺少一个能够清楚地再定位的楼梯。正是这栋住宅在决断中的脆弱让它显得如此纠结。

16　勒·柯布西耶和皮埃尔·让纳雷，《勒·柯布西耶全集》（第1卷），第60页。
17　蒂姆·本顿，《别墅》第43—75页。

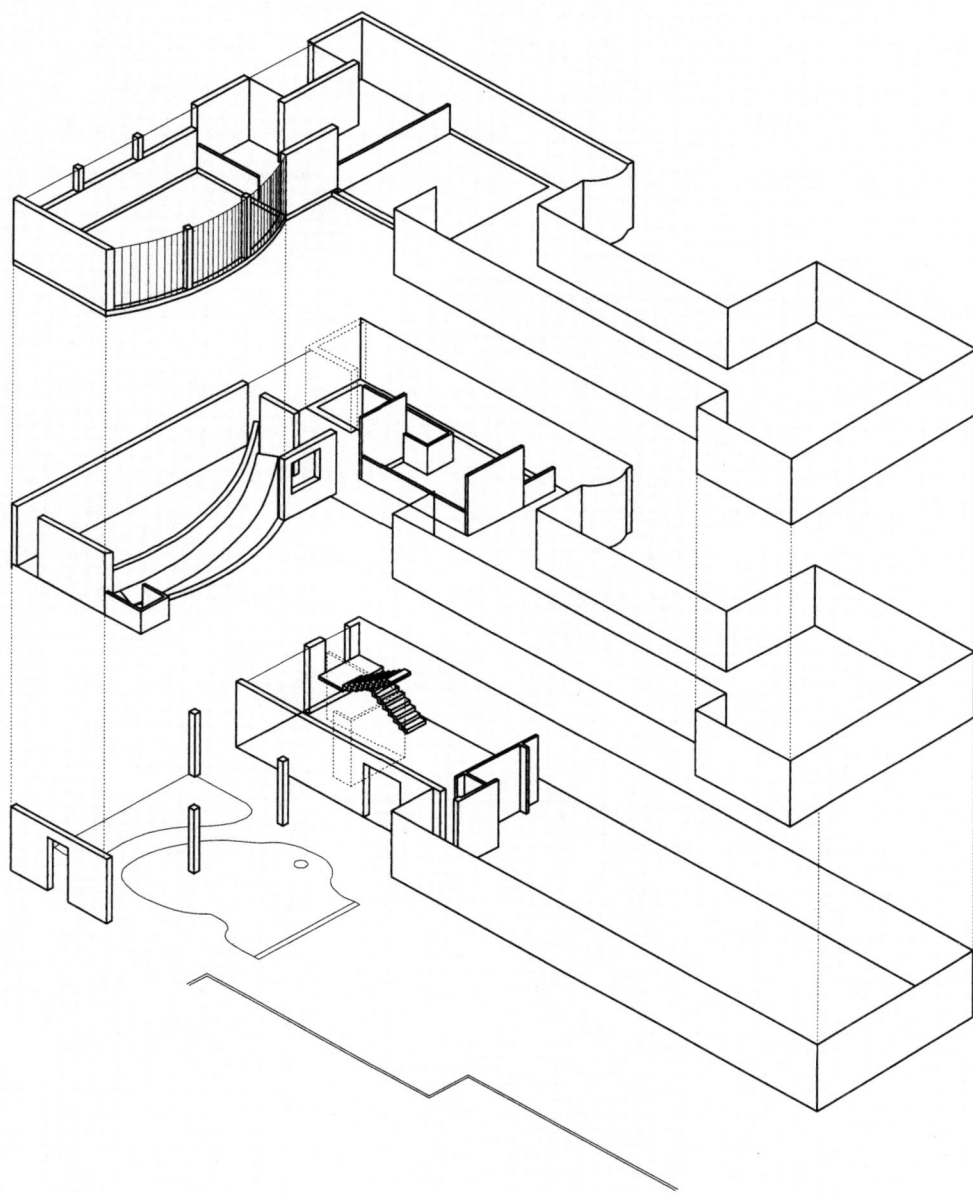

图5.21　表现洛奇大厦（1923—1924）中的建筑漫步元素的轴测图。

萨伏伊别墅，1929—1931

这栋别墅是如此的著名，以至于我们很难再抛开各种各样的评论而从它最初的原则去看待它，这里对其中的一些评论进行了综合。[18]特别有趣的是，经过二战后的被忽视之后，何塞普·克格拉斯有了对勒·柯布西耶把建筑变成"柯布博物馆"的描述。这里所说的改变包括画廊门上的一幅巨大的壁画、一扇在柯布西耶的象征主义中反复出现的施釉的大门以及色彩方案上的巨大变化——所有这些都把建筑的根本问题摆到了大家面前，它还只是初级阶段的一种表现。[19]

开端

建于林地附近一片开阔的草地上的萨伏伊别墅被看做一次住宅实验。建筑真正的开端是架空柱下面简洁的门道，但是在到达这个点之前已经做足了空间的铺垫。从《勒·柯布西耶全集》里一张小小的轴测图中可以看到一条马路从架空柱的一侧进入，又从另一侧出来（图5.22）。众所周知，这栋建筑是根据车行路线设计的，途中会路过一面穿过这栋犹抱琵琶半遮面的现代主义建筑的惊人的毛石墙面（图5.23）、经过一片遮挡建筑的树林，然后进入一个可以看到阳光充足的南立面的开阔视野，最后才进到底层架空柱的阴影里（图5.24）。首层的房间——洗衣房、车库和其他的服务空间的外面都被刷成了绿色，从而避免它们在整个方案中过于突出。[20]接着，车沿着弧线往左拐，透过细长的竖条窗能够瞥见入口大厅——它是后面的起伏变化的先兆——最后到达弧线中间神秘的大门，简直就是建筑与汽车的完美结合。"汽车的最小转弯半径决定了这一切"，勒·柯布西耶写道。《勒·柯布西耶全集》中有一幅题为"汽车重返巴黎"的照片，说明至少在那座城市的中心，这种特殊的漫步已经开始了。[21]

萨伏伊别墅的入口倔强地出现在与主要通道相反的、阴暗的北立面（图5.25）。即使是关于汽车的理由也不足以解释这种变化，真正的原因一定是勒·柯布西耶想要激发人们的好奇心，并让读者对接下来的反转空间的体验有所准备。进入大厅的门，尽管隐藏在贯穿首层平面的弧形中很不起眼（图5.26），但是由于其居中的位置和进深而极具雕塑感。对这扇门帮助最大的正是它正对着一排架空柱的位置，那些柱子让建筑看起来有点像希腊神庙。和洛奇大厦一样，延伸至架空柱两侧的张力让门的意义远远超过了它本身。

18　关于本项目历史的详细研究可以参见蒂姆·本顿，《别墅》，第190—207页。

19　何塞普·克格拉斯，《勒·柯布西耶、皮埃尔·让纳雷：萨伏伊别墅"光辉岁月"1928—1963》（马德里：Rueda，2004）。

20　颜色可以让建筑的某些部分与景观和"树林和花园里的叶子"融为一体。勒·柯布西耶和皮埃尔·让纳雷，《勒·柯布西耶全集》（第1卷），第86页。

21　勒·柯布西耶和皮埃尔·让纳雷，《勒·柯布西耶全集》（第2卷·1929—1934年）（苏黎世：建筑出版社，1995），第26页。首次出版于1935年。

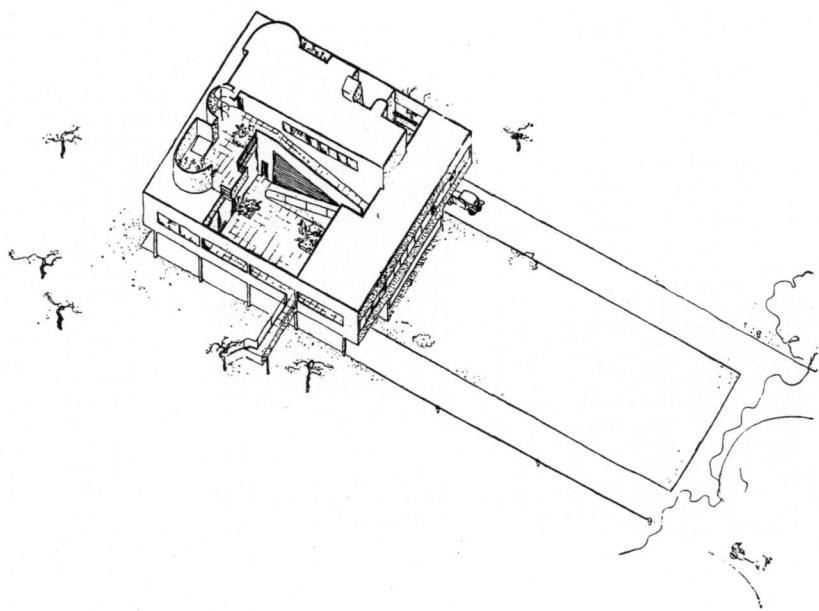

图5.22 《勒·柯布西耶全集》中表现架空柱下的车行路线的轴测图。

图5.24 从通道看萨伏伊别墅（1929—1931）。

图5.23 萨伏伊别墅（1929—1931）的门房。

图5.25 萨伏伊别墅（1929—1931）入口立面。

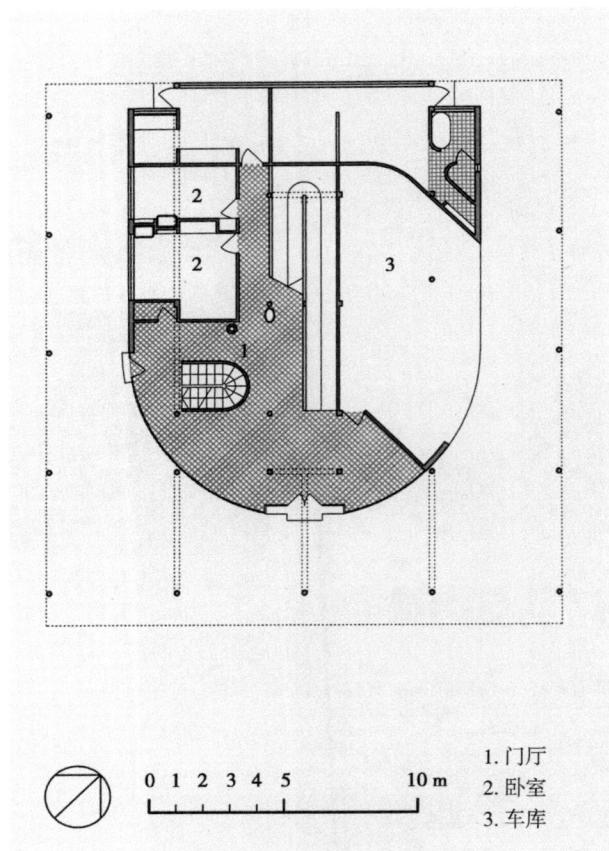

0 1 2 3 4 5   10 m

1. 门厅
2. 卧室
3. 车库

图5.26 萨伏伊别墅（1929—1931）首层平面。

图5.27　萨伏伊别墅（1929—1931）入口立面。

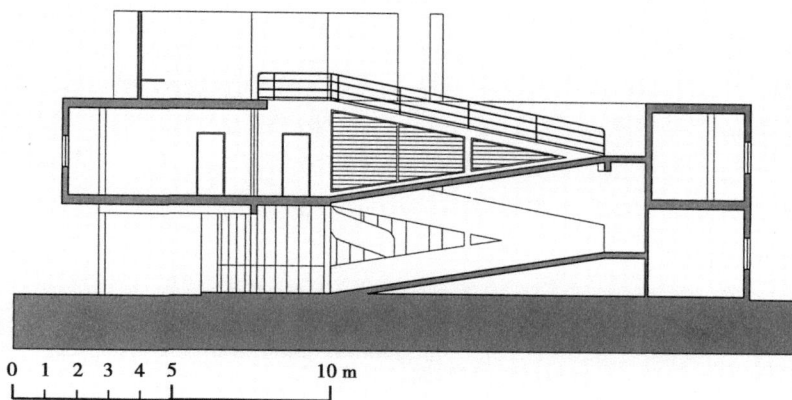

0 1 2 3 4 5　　　　10 m

图5.28　萨伏伊别墅（1929—1931）剖面图。

　　从萨伏伊别墅的平面和描述中，我们可以很明显地看到它保留了某些东西，那就是表现上部那些有利于感受整体效果的梁和其他东西投影的虚线（图5.27）。在建筑的入口处，主要流线上大致呈南北向的一系列架空柱和梁增强了插入建筑中的效果。最奇怪的是门本身出现在主要的建筑结构线上，也就是说有一道梁直接穿过了它的中点（图5.28）。而且，虽然建筑外观造成了整栋建筑都采用了均匀的结构网格的错觉，但是入口处的跨度还是变小了。于是形成了入口处一排密集的柱子，它们强调了门的重要性，同时又跟读者的空间秩序感开了个玩笑。

图5.29　萨伏伊别墅（1929）"入口门厅"，摘自《勒·柯布西耶全集》。

图5.30　萨伏伊别墅（1929）入口门厅的洗手盆，摘自《勒·柯布西耶全集》。

让感觉变得敏锐的前厅

大厅中因为有很多不确定的形状而让人觉得很困惑（图5.29）。感觉就像是它会从边上流走，地面上斜铺着勒·柯布西耶惯用的20cm见方的白色瓷砖，它们这种感觉更加强烈。垫子上面是沿着门的中线上升的坡道的内边。左边是一个螺旋楼梯，它让人急于离开门厅。坡道的统治力很弱，主要来自于它的中心位置和相对于弱小的手盆而言的巨大尺度，那个手盆让这个空间有了人的尺度和存在，如果没有它，这些都很难感受到（图5.30）。它就像圣水蜿蜒进教堂的入口一样不正常，难怪柯林·罗评论说：

"当我们深入这座神庙和住宅的门厅之后，该怎么解释手盆和水槽所处的重要位置呢？总不能说是功能性的配件吧。因为所有和洗漱有关的细节（毛巾和香皂）显然都没有出现，而且肯定会破坏对这种偏执想法的最初印象。难道它只是仪式上的净化场所，就像圣水坛那样？我个人认为它是……"[22]

这里的构件的轮廓都是经过精心挑选的。如果水槽往右几厘米，漫步的冲动就会冲破门廊进入洗衣房里，实际上，是地砖的线让读者产生这种冲动的。

主要和次要房间之间的区别不是通过细节，而是通过门的位置来体现的。服务房间的门远离大厅的主体空间。墙面上让人很难兴奋而且容易吸光的深褐色也让服务走廊变得很不起眼。勒·柯布西耶的想法非常固执，他认为想象也许那些次要的、被压制和遮挡的空间才是真正重要的空间这件事是非常有吸引力的，无论是粗俗的桑丘·潘萨的仆人房还是更加理想化的堂吉诃德漫步。当然，它们离开彼此都无法存在。

22　柯林·罗，《有着美好意愿的建筑》（伦敦：学院出版社，1994），第60页。

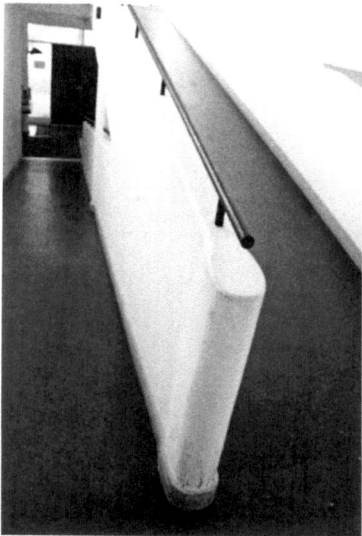

图5.31　从坡道往下看萨伏伊别墅（1929—1931）的大门。

图5.32　萨伏伊别墅（1929—1931）一层和二层通过坡道形成的视觉联系。

　　坡道上的空间往上延伸，促使读者沿着它往上走（图5.31）。勒·柯布西耶说它的坡度"很缓"，走在上面"几乎没有上楼的感觉"。[23]对于约瑟·巴尔坦纳斯来说，它"改变了进入空间的仪式，增加了空间的庄严感，尽管它也通过在居住空间中引入坡道而隐喻了机器时代。"[24]所有东西的处理都为了弱化爬楼的感觉。首层的空间和上面的花园在剖面上融合在一起，由采光竖井连接的两个楼层通过上面射下来的光反映在下面的走廊墙上。（图5.32）

质疑——理解居住

　　在坡道的顶部不能直接看到起居室，这让它在整个漫步设计中显得不那么重要（图5.33）。然而进入这个空间的门是玻璃的，与这栋建筑中其他所有的门都不同，这样可以让读者间接地看到二层的起居室。穿过它，眼睛就会被左侧外墙上水平窗所展现的全景画所吸引，画面中的螺旋楼梯又会把你带回到空中花园的整片玻璃墙，以及通往屋顶的坡道。没有直接的通道进入这个空间，所以只能再次回到平台上。

　　从这里开始，辅助空间的墙面，比如说卧室，被刷成了深色，棕色或者深蓝色，从而让它们后退到背景里。比如说，通往主卧的门是嵌在棕色的墙上的，被一根底层架空柱和螺旋楼梯的弧线所遮挡（图5.34）。通往卧室的次流线与坡道的流线是平行的，并且巧妙地从天窗采光，从而避免其对主要漫步流线的影响。在通往其中一间卧室的路线尽头出现了一个有趣的细节。当同往浴室和卧室的门打开时，一个单独的门框，就像罗马跑道的标杆一样，把这个空间变得很奇怪，吸引着读者绕着它转，然后又回到他或她来的地方。（图5.35）

23　勒·柯布西耶和皮埃尔·让纳雷，《勒·柯布西耶全集》（第1卷），第187页。
24　约瑟·巴尔坦纳斯，《勒·柯布西耶概览：他的名作之旅》（伦敦：Thames and Hudson，2003），第6页。

图5.33　萨伏伊别墅（1929—1931）中通往空中花园的门，摘自《勒·柯布西耶全集》。

图5.34　透过萨伏伊别墅（1929—1931）底层看到的主卧效果说明了特定流线是如何被压制的。

当你身处萨伏伊别墅的辅助空间，试图去理解这栋建筑的意义时，就会感受到温和而坚决地回到首层的召唤。这是因为颜色的应用造成的——比如说类似的颜色被用在卧室的墙面和平台，并且由于眼睛对颜色的混合而形成了两个空间之间的冲突。这是由外墙水平带形窗持续不断的张力所造成的，它让视线移到侧边，然后又沿着角部回到我们来的地方。这是由架空柱和梁的横向铺排而形成的，即使它们出现在封闭的卧室空间中，也是整个的回归原点——建筑的重心的系统的一部分。

当读者到达坡道顶端时，通往空中花园的门就在他或她的左边，这让人觉得它比起居室的门更方便（图5.36）。和起居室的门不同，这扇实体的门装在一个宽大的石框里，这比简单地安装在玻璃墙上更加凸显了它的重要性。同时，门框周围的玻璃让平台和空中花园的空间流动起来。后来勒·柯布西耶又反复使用过这扇门。

和勒·柯布西耶的很多建筑一样，空中花园的方形平面使其具有一种与生俱来的威严（图5.37）。屋顶花园的楼板比大厅略高，这就意味着它们之间有一个台阶。平台处的地砖还是斜铺的，增加了空间的动感，但是一旦进入屋顶花园，地板就是正交的，让人有一种真正的到达感和秩序感。但是勒·柯布西耶用一整套的手法形成视觉的混乱，削弱了这个空间的秩序感。

萨伏伊别墅的空中花园是一种充满令人眼花缭乱的细节的奇特空间。其中主要包括与外墙的水平框架呈直角的祭坛似的桌子（图5.38）。我总是把它看做准备拜访别人时送的葡萄酒、面包和所有与一顿愉快的晚餐相关的东西的餐桌，但是我绝对不会这么做，因为它对任何一个成年人来说都太矮了。就高度而言，它更适合作为椅子而不是桌子，但是这样的话它又太高了。如果我们假定它的高度是合理的，那么整个空中花园的空间尺度感就变了，它就会被实际的显得大。另一件古怪的事情

图5.35 当萨伏伊别墅（1929—1931）中所有的
门都打开时，人就会绕着这个卧室的门框转圈。

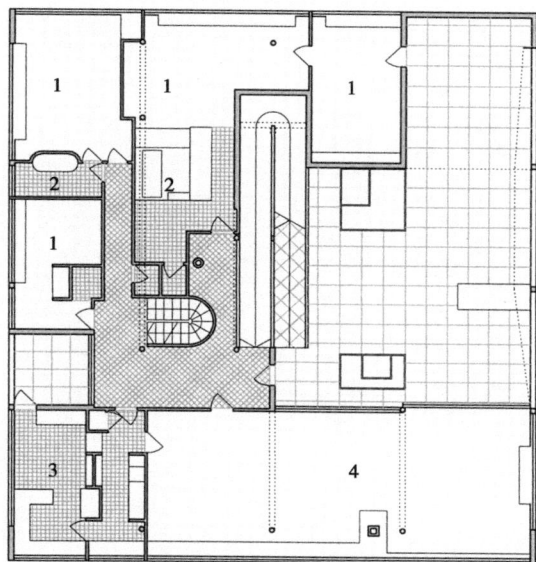

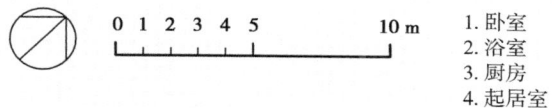

0 1 2 3 4 5　　　　10 m

1. 卧室
2. 浴室
3. 厨房
4. 起居室

图5.36 萨伏伊别墅（1929—1931）二层平面图。

图5.38 萨伏伊别墅（1929—1931）空中花园的桌子。

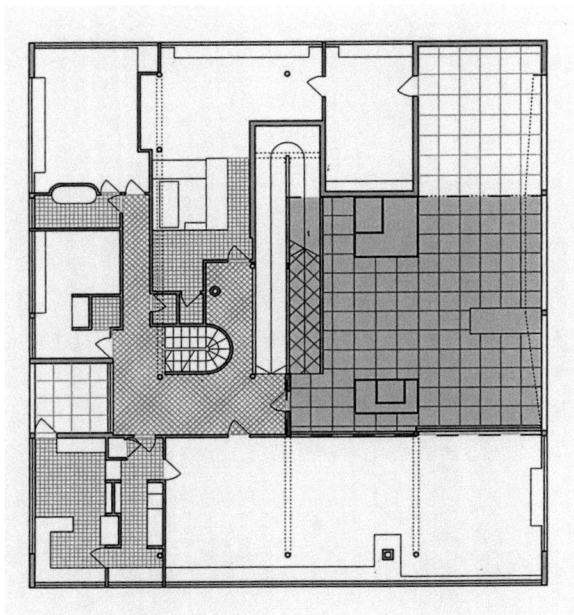

图5.37 空中花园暗示的方形示意图。

是墙顶那些支撑水平洞口的梁。它在中间挖了个槽，然后在角部又变细了——就像反转的凸窗，无论从真实效果还是视觉上都显得很不自然。另一个玩笑是玻璃幕墙偷偷地越过了起居室角部的架空柱，这个古怪的逻辑完全不遵守摄影的原理。这些东西以及其他的处理在这个奇特的建筑中引发了对自然和空间意义的质疑。

再定位

萨伏伊别墅的坡道是一个标准的再定位点。这里一定要提到它的扶手，流畅的曲线让人情不自禁地想要去抚摸那些与白色的水泥栏板浑然一体的扶手（图5.39）。它的牢固性和尺度感意味着它是这个多变的世界中的重要定位点。在第一段通往日光浴室的坡道上，不透明的栏板起到了围合下面的空中花园的作用。它与上一段坡道由纤细的栅栏构成的栏杆形成了鲜明的对比。坡道的地砖也是斜铺的，从而产生一种向上的动力。在一半标高处的平台四周的墙体高度是经过仔细分析的，既能阻挡外部的视线，又能保持人在去往屋顶花园的日光浴室时，背上能晒到温暖的阳光。和放置了水槽的入口大厅一样，坡道也是通过屋顶上大面积的纯白色烟囱来形成视线的固定点的，它们就像是古希腊废墟中那些孤独的柱子碎片一样。

高潮

在《勒·柯布西耶全集》里一张题为"建筑漫步"的照片中我们可以清楚地看到烟囱在路线构成中的重要性（图5.40）。很明显，这里的高潮就是空的架子，它们非常具有迷惑性的从墙面的低处突然出现在坡道的上面（图5.41）。一面弧形的墙起到了缓冲漫步冲力的作用——在勒·柯布西耶的空气动力学分类系统中，凹形的表面能够产生最大的阻力。然而，墙面上的开洞所形成的空架子让这个

图5.39 通往萨伏伊别墅（1929—1931）屋顶花园的坡道扶手。

图5.40 "建筑漫步"：通往萨伏伊别墅（1929—1931）日光浴室的坡道，摘自《勒·柯布西耶全集》。

图5.41 萨伏伊别墅（1929—1931）屋顶花园日光浴室中漫步的最后框架。

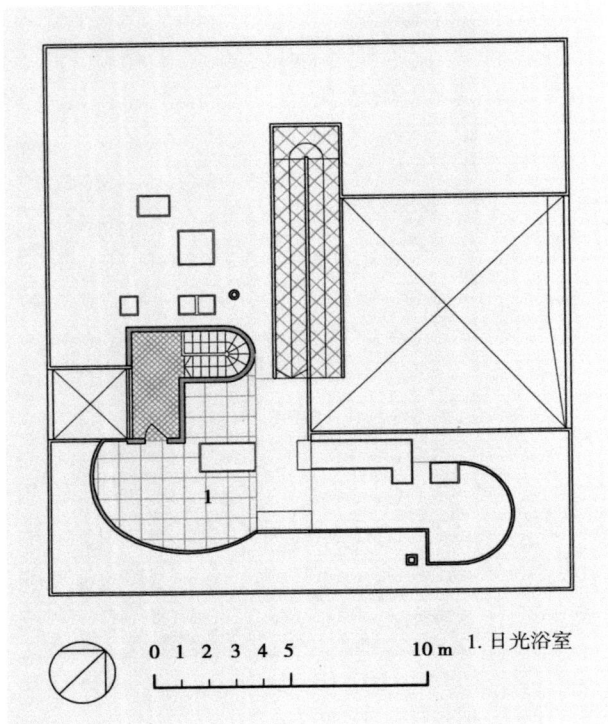

图5.42　萨伏伊别墅（1929—1931）屋顶露台平面。

屋顶的狭长地带有了一定的纵深感，同过它可以释放所有在漫步过程中被压抑的能量（图5.42）。

　　勒·柯布西耶在《勒·柯布西耶全集》中给出了一个很强的关于萨伏伊别墅建筑漫步的线索，因为"太阳的位置就在视野的背面"，所以得在"非常具有整体感"的日光浴室里"找太阳"，它是"一个非常丰富的建筑元素"。[25]后来它成了漫步的焦点。正是在这里形成了视野之间对抗的张力，通过漫步的最后框架，可以非常强烈地感受到太阳的方向。找到太阳，是勒·柯布西耶内心世界中的关键信息，因此对于漫步的叙事来说也至关重要。

　　这里还要提到对事件的期待和共鸣，它们经常出现在复杂的漫步序列中。[26]某个漫步阶段出现的形状、照明条件和构成在后面会以稍加变化的形式出现，起到承上启下的作用。萨伏伊别墅中的两端都有实墙的坡道就是一个例子。在下面一系列封闭的记忆之后，路线尽头开敞的日光浴室让人感觉尤为特别。而且，对形式的严格控制让空间和其中的体验都非常统一。

25　勒·柯布西耶和皮埃尔·让纳雷，《勒·柯布西耶全集》（第1卷），第187页。
26　柯林·罗和罗伯特·史拉斯基，《透明：文字的和现象的》摘自柯林·罗，《理想别墅中的数学》（剑桥，马萨诸塞：麻省理工学院，1976），第159—183页。

图5.43　往萨伏伊别墅日光浴室走的女士。摘自《当代建筑》，皮埃尔·舍纳尔（1930）。

总结

没有比萨伏伊别墅更加经典的雅各布梯子的路线的例子了，它表明勒·柯布西耶关于漫步的思想已经很成熟了。漫步每个阶段的元素都清晰可读，建筑中坡道是整个体验的支柱。

皮埃尔·舍纳尔关于1930年代电影的叙述:《当代建筑》中，一开始有一个勒·柯布西耶的副标题和一段皮埃尔·让纳雷的音频，这就证明了它与上面所提到的舒适方式非常类似。电影从萨伏伊别墅首层的定位镜头开始，沿着起居室的条形窗和二层的空中花园往上移。关于视线的穿透性，肯尼斯·弗兰姆普顿写到了从内部看这种窗户的"电影效果"。[27]这里被反过来用了。

这个镜头让我们猜到了下一个摄像机的位置，另一个花园，空间花园本身，在那里镜头倾斜了，并且沿着通往屋顶日光浴室的坡道往上摇，从而跟上从一层到屋顶的漫步。镜头中充满了可能性，等着人的接触来赋予这些抽象的形式和空间意义。下一个镜头是从屋顶俯视一位女士，她穿过大门进入空中花园，正轻快地沿着坡道往上走，从镜头里可以看到她的整张脸（图5.43）。接着，通过一个连续的小技巧，我们看到这位女士沿着同一段坡道往上走——这次是从楼梯间往上走，她刚刚就是在那里出现的，就好像从那个角度又重温了一遍她的体验。艾森斯坦关于视差的思想——人所处位置的变化会引起认知的变化——起作用了。在这里，可以从漫步的一系列不同的方式、不同的角度看到建筑中的某些部分。伊夫斯—艾伦·博伊斯写到了这个体验中的"离心"作用。[28]接下来镜头切换，回到了坡道去拍摄那位女士的背影，她正大步向整栋建筑的高潮——日光浴室的窗户走去。镜头的重点是她随着弧形的扶手快乐地移动着的手，它占据了画面的中心。

27　肯尼斯·弗兰姆普顿，《建构文化研究：19和20世纪建筑构造中的诗意》（剑桥，马萨诸塞：麻省理工学院，1996），第144页。

28　谢尔盖·艾森斯坦，伊夫斯—艾伦·博伊斯、迈克尔·格兰涅，《蒙太奇与建筑》（1937），《集合》，1989年第10期，第113页。

从屋顶拍摄的这位女士，现在正坐在椅子里，并打算把它搬到树后面我们看不到的地方去，在那里她可以欣赏风景。她坐下来回味这栋建筑带给她的感受（图5.44）。接着，在与一开始相呼应的镜头中，摄像机又被放到了花园里，从下面仰视日光浴室的窗户。摄像机从这里一直退到树林里，但是依然看着同一扇窗户，提醒着观众隐藏在框架背后那位女士的视点。虽然舍纳尔所使用的镜头变化很少，但是空间的表现却非常清晰。摄像机的角度暗示了一系列充满阳光的空间，这些空间一个个地呈现出来，通过人的运动交织在一起。电影无法通过一个镜头表现人穿过建筑的过程，因此在改变摄像机位置的时候需要有一种连续感。人物的出现和消失让画面变得更加令人印象深刻。

舍纳尔在之后对丘吉尔别墅和加歇别墅的研究中也采用了同样的方式。这部影片告诉我们的漫步意图是什么呢？首先，主要空间与外部世界之间的联系占据了绝对的主导地位，所以要尽可能快点完成；其次，从某种程度上说，如果没有人的存在，建筑是不完整的。而且，栏杆上的手和踏步上的脚这些细节表现了路线体验中触觉的重要性，它是女人和她的环境之间的一场共舞。

结论

洛奇大厦标志着雅各布梯子型漫步发展的初级阶段。虽然它有一条清晰的从地面到天空的路线，但是戏剧之弧不是很清晰，建筑周围的定位也让人很困惑，而萨伏伊别墅不同，它里面的雅各布梯子非常清楚，而且路线与勒·柯布西耶的叙事方式也非常吻合。

洛奇大厦的结构似乎是由柱子和墙体共同支撑起来的，而萨伏伊别墅大致上是一个多米诺框架，这就意味着勒·柯布西耶在漫步元素的分配上可以有更大的自由。下一章的重点是两个拱顶的方案，它们更能体现结构对其内部路线的影响。

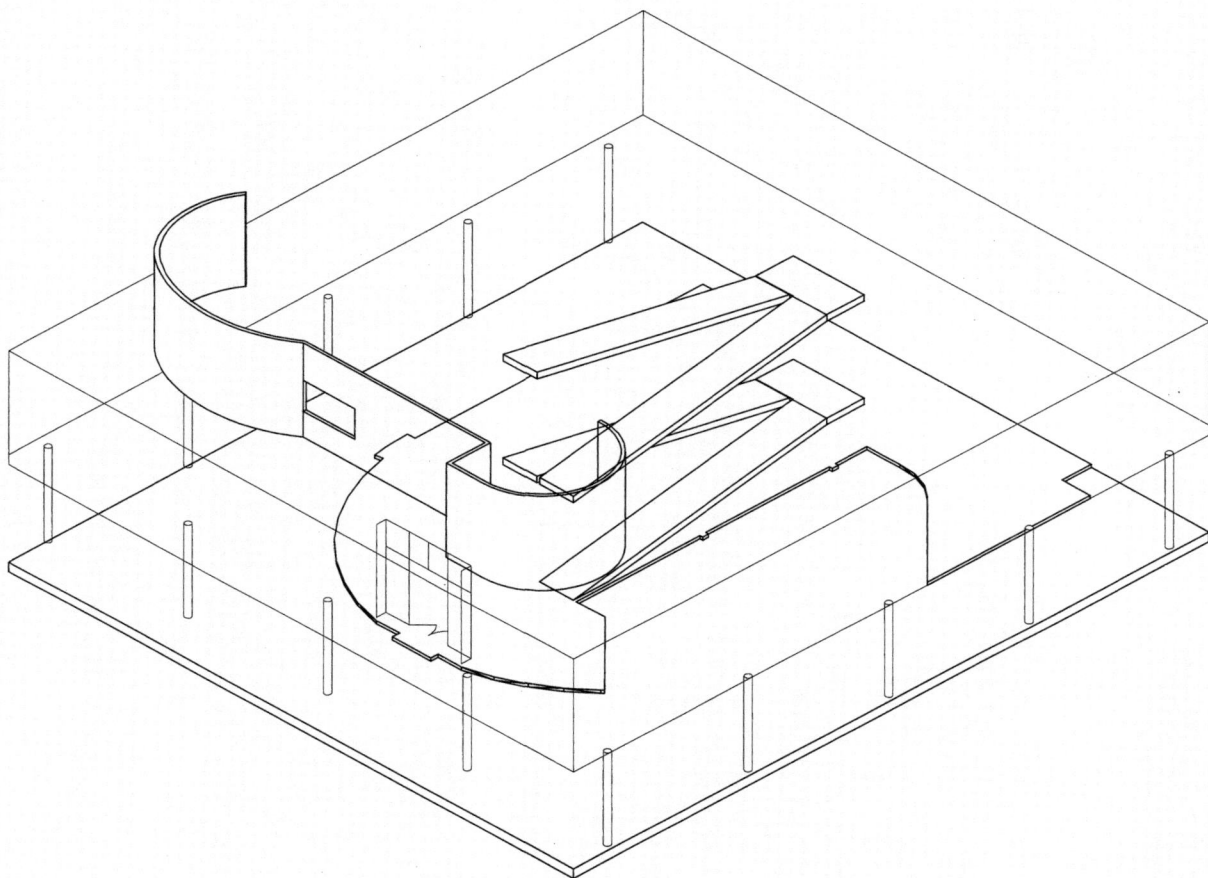

图5.44　反映萨伏伊别墅（1929—1931）中的漫步元素的轴测图。

图6.1 朗吉瑟—高利街24号阁楼书房的拱顶。

6. 家庭空间叙事的叠加

在上一章中，我谈到了勒·柯布西耶居住建筑中的雅各布阶梯路线在萨伏伊别墅中达到了顶峰，在那栋建筑中，可以清楚地体验到从地面到天空的路线。本章的重点是这种拓扑关系在两个拱顶项目中的发展，朗吉瑟—高利街24号的阁楼和加乌尔大厦B座。前者的体量跨过了谷仓的拱顶，形成了断断续续的空间感，而后者的漫步和拱顶本身是同方向的。我们的任务是要把持续的运动控制住。根据勒·柯布西耶戏剧之弧的步骤把穿过建筑的路线绘制出来，从而揭示他关于漫步会成为什么样的不断发展的、复杂的思想。

阁楼，7号公寓，朗吉瑟—高利街24号，1933

朗吉瑟—高利街24号的阁楼是勒·柯布西耶和他的妻子伊冯娜的家，它占据了他在巴黎欧特伊区的摩利托门街区顶上两层（图6.2）。这套公寓与勒·柯布西耶的拉迪耶别墅是同一时期的作品，我们可以把它看成是那个他从阴阳平衡的角度进行论述的平面的放大。

男性和女性两个元素：太阳和水之间的相互作用形成了宏大的场景。

这两个对立的元素是相互依存的……[1]

出于对传统的坚持[2]，勒·柯布西耶把"男性的"建筑定义为"形式具有很强的客观性，处于地中海强烈的阳光下"的建筑，而"女性的"建筑则是"来自于阴云密布的天空的无限主观性"，[3]也就是说，更加模糊。[4]勒·柯布西耶的建筑变成了这两个对立面的结合，从炼金术的角度来说，通过他所谓的感情的"精神心理学"，这种包含激情和情欲的相互作用能够对居住者产生影响。[5]在朗吉瑟—高利街24号，他为"机器时代"的男人和女人创造了一个居所，反映和强化了男性和女性在公寓生活中的相互作用。[6]

---

1 勒·柯布西耶，《光辉城市》（伦敦，Faber，1967），第78页。原书名为La Ville Radieuse（巴黎：当代建筑出版社，1935）。

2 关于从性别角度看建筑讨论可以参见"阴阳有别"，摘自艾德里安·福迪，《文字与建筑》（伦敦：Thames and Hudson，2000），第42—61页。

3 勒·柯布西耶，《模度》（伦敦：Faber，1954），第224页。原书名为La Modulor（巴黎：当代建筑出版社，1950）。

4 皮尔逊曾谈到过勒·柯布西耶是如何在他客户的房子——比如说斯坦别墅和曼德洛特别墅里放置有性别倾向的艺术品的。"在曼德洛特别墅中……被动而自然的女性形式与更加主动的控制周围环境的男性形式的结合在勒·柯布西耶的男权主义符号体系中是非常典型的。"皮尔逊，《艺术和建筑在勒·柯布西耶作品中的结合》，博士论文，斯坦福大学（1995），第139页。

5 勒·柯布西耶，《模度》，第113页。

6 关于这部分内容的荣格心理学解释可以参见弗洛拉·塞缪尔，《勒·柯布西耶的男性意象、女性意向和建筑》，《收获》48，2003年第2期，第42—60页。

图6.2 朗吉瑟—高利街24号（1933）。

图6.3-1 朗吉瑟—高利街24号（1933）首层前门。

开端

想要到达朗吉瑟—高利街这条以著名的飞行员命名的道路的最好办法，就是坐地铁在Auteuil站下车，就像勒·柯布西耶下班回家走的路一样，穿过几条林荫大道和体育馆外围，就到了这条位于居住区里的安静的街道。阁楼和这栋建筑中其他公寓的入口是一扇超大的金属门，上面装着让人赏心悦目的青铜把手（图6.3-1）。沿街立面看上去横平竖直，但是门口的垫子却稍微扭曲了一下，这样即使还没进门，就能通过双脚和眼睛在潜意识中感受到穿过这栋建筑的流线方向。公用的大厅（图6.4）被挡在观众和弧形墙之间的柱子所形成的斜线给切开了，这条线一直通向镜面的电梯井道，穿过一扇门，又越过了玻璃体中一根小小的梁（图6.5）进入黑暗而充满巴黎情调的采光井中，所有的竖向流线都是从那里开始的。[7]从这里开始，读者会沿着很压抑的双跑楼梯盘旋上升，一直到顶上一个令人眩晕的朝圣地，它的门上只刻着一个数字7（图6.6）。如果这套公寓是属于一个非常迷信的、在飞机上只坐同一个位置的人，那么毫无疑问，那个位置的号码一定是7。像《直角之诗》中建筑有七个层次一样，七象征着灵与肉的统一，那就是和谐。

---

7 德博拉·甘斯注意到建筑中心的结构布置在库克大厦和其他地方巧妙地采用过，尽管"在库克大厦中交通流线根据柱子的位置进行了调整，但是在波特·莫利特中却是应漫步的要求改变了柱子的线。入口根据与中间的柱子关系进行了改变；但是在室内，门厅的柱子似乎沿着路径进行了错动。"甘斯，《勒·柯布西耶导读》（纽约：普林斯顿建筑出版社，2006），第61页。

图6.3-2　朗吉瑟—高利街24号（1933）
大厅室内。

图6.4　朗吉瑟—高利街24号（1933）
采光井楼梯底部。

图6.5　通往阁楼的走廊，朗吉瑟—
高利街24号（1933）。

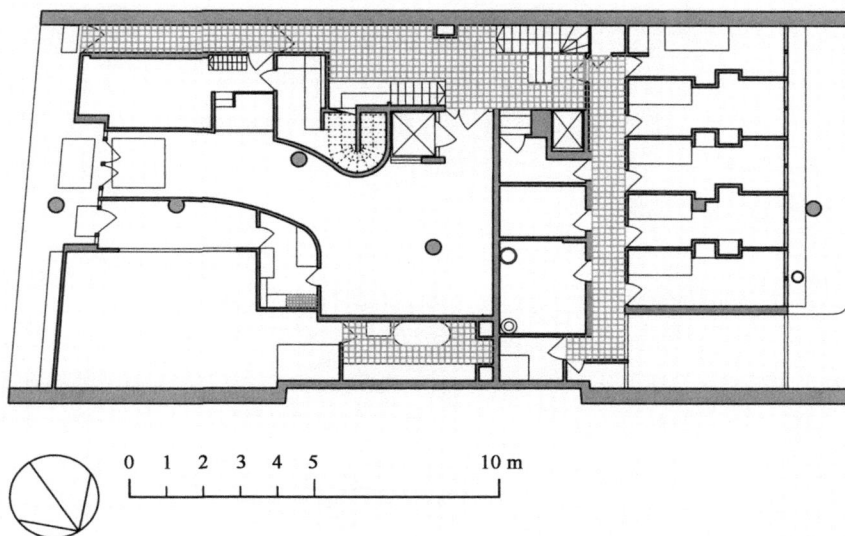

图6.6　朗吉瑟—高利街24号（1933）首层平面图。

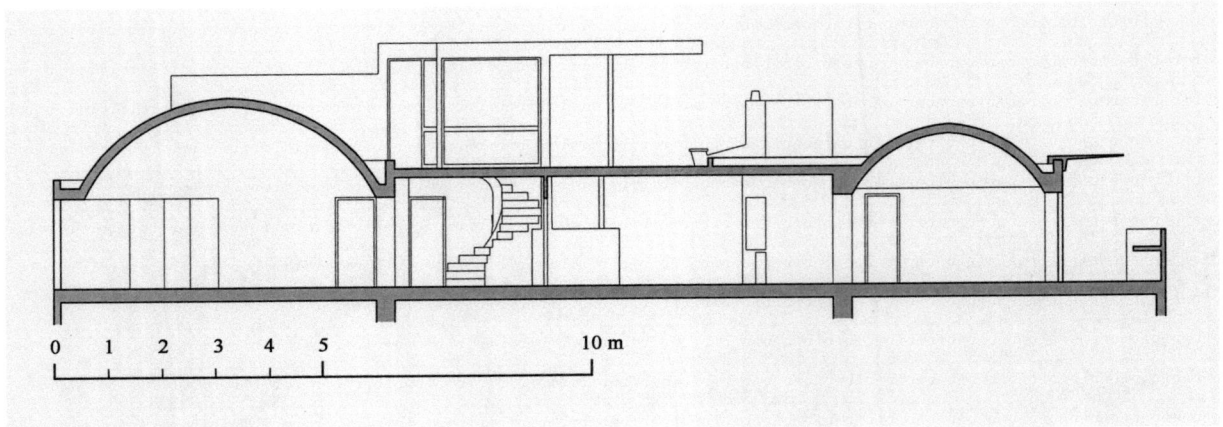

图6.7 阁楼横剖面，朗吉瑟—高利街24号（1933）。

让感觉变得敏锐的前厅

和洛奇大厦一样，公寓的入口有两个不同区域的暗示，每个区都有一个拱顶，一个是勒·柯布西耶自己的书房，另一个是起居室和餐厅（图6.7和图6.8）。两个拱顶都隐藏在巨大的转门后面。朝向起居室的一面是黑色的，另一面是奶油色的，与各自所处的空间相协调。奇怪的斜墙刷成了蓝色，向刚进门的人致意，吸引着他们往起居室走，上面亮红色的壁炉也起到了同样的作用（图6.9）。当通往勒·柯布西耶书房的旋转门打开的时候，会让这个漏斗形的空间显得更加生动，螺旋楼梯和起居室门口所形成的过渡空间进一步强化了这个空间。

质疑——理解居住

在这里，勒·柯布西耶的叙事弧线的第三步——质疑的空间被发挥到了新的极致。在第四章中，我提到了勒·柯布西耶对文艺复兴时期的画家皮耶罗·德拉·弗朗西斯卡所采用的裂开的屏障模式的喜爱（图4.5）。在《勒·柯布西耶全集》里好几张关于阁楼的照片中都采用了这种裂开的屏障，但是最重要的一张是精心选择的、一进门就能看到的主起居室中壁炉的角度（图6.10）。在这张照片中，壁炉占据了画面的三分之二，而剩下的三分之一是站在阳台上进行着关于过去和现在的谈话的勒·柯布西耶和伊冯娜。

起居室照片的前景是一个矩形的壁龛，上面放着三个拟人的"原始"物品。它们的高度正好在伊冯娜和勒·柯布西耶的画像的位置，而且似乎连身材都一样。壁龛的左边，是被阳光照亮的矮胖的圆罐，很容易让人想起古代丰腴的女神。她与阳台左侧黑色的勒·柯布西耶画像形成了鲜明的对比，但好像又存在着某种联系，也许是表现了他的另一面。右边阴影中的男性生殖器雕塑和伊冯娜的画像之间似乎也有着同样的关系。落在女性化的罐子上的阳光让我们想起了理性的阿波罗之光，而落在小小的阴茎上的阴影显然是阴暗而女性化的。它们都形成了对立的两面之间的结合。放在它们之间的是一件黑色的陶器，这是一个关于哲学家之石的玩笑。它理所当然地出现在红色的包围之中，在《直角之诗》中，勒·柯布西耶把这种颜色看做融合的象征。

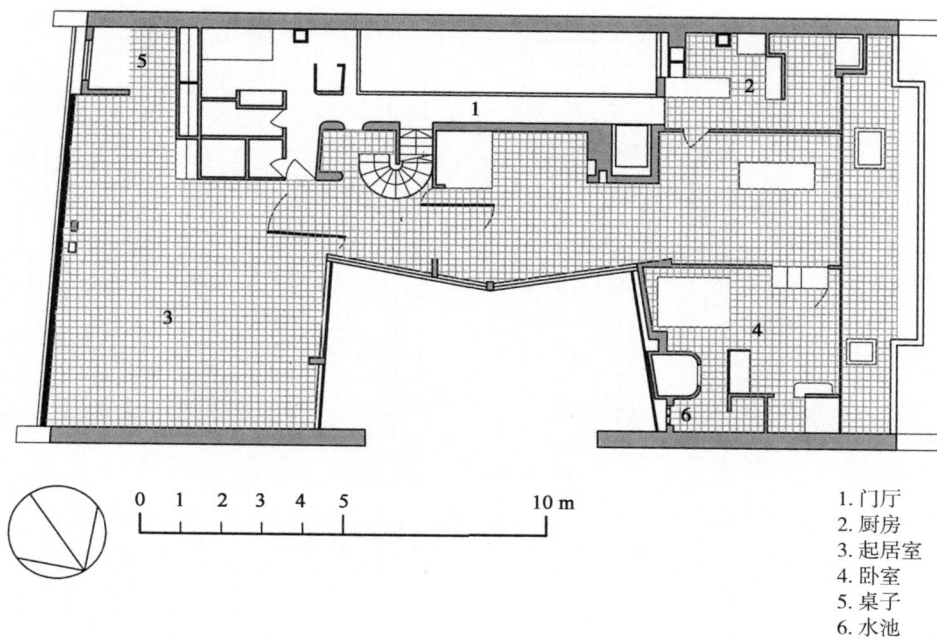

1. 门厅
2. 厨房
3. 起居室
4. 卧室
5. 桌子
6. 水池

图6.8　阁楼平面，朗吉瑟—高利街24号（1933）。

图6.9　从工作室看去，从门厅到壁炉和阁楼上的餐厅
空间（1933）。

图6.11 布置在阁楼的"所谓'原始'艺术展"（1935）的照片，摘自《勒·柯布西耶》。

图6.12 布置在阁楼中的勒·柯布西耶的画、劳伦斯的雕塑、莱热的挂毯以及"所谓'原始'艺术展"（1935）上其他能够让人产生诗意联想的东西，摘自《勒·柯布西耶全集》。

　　黑色壁炉的方形洞口再次重申了对立面的融合，在那里，女性化的黑暗被一个充满雄性激素的几何形所环绕，它的前面是一张黑白相间的动物皮，而这张皮又铺在冰冷的工业瓷砖地面上。[8]接着我们注意到了平整光滑的瓷砖和屋顶温暖而充满质感的拱顶之间的对比。亮与暗、垂直与水平、几何形式和有机体，勒·柯布西耶这个时期的作品中充满了对比。正如勒·柯布西耶在写到马赛公寓时所说的那样，"我要通过对比来创造美，我要发现对立的元素，我要在粗糙和细腻、精确和偶然、没有生命的和充满张力的东西之间建立一种对话，通过这个办法，我要鼓励人们去观察和反应。"[9]接着这就成了他在自己家里宣传理解居住的手段。

　　1935年，公共与私密有了一次奇怪的融合，在朗吉瑟—高利街24号的阁楼中举行了一场"所谓'原始'艺术展"。[10]这次展览虽然表面上是由路易斯·卡雷组织的，但是展出的大多是勒·柯布西耶的作品。《勒·柯布西耶全集》中描绘这次展览的黑白照片充分展示了勒·柯布西耶是如何通过质感、颜色和叙事创造时间和空间的叠加的。在勒·柯布西耶的书房中有一幅扛着牛犊的男人的古希腊石膏像——勒·柯布西耶给它刷上了颜色——背景是粗糙的毛石墙，而墙面上由费尔南德·莱热设计的奥布松挂毯又与它的轮廓相呼应（图6.11）。"充盈、空旷、光、物质：莱热的挂毯、劳伦斯的雕塑。"[11]在这张照片中（图6.12）勒·柯布西耶画中弧形的手臂与劳伦斯的雕塑和后面的莱热挂毯彼此呼应，就好像是一首协奏曲。

　　作为对前面所讨论的壁炉照片（图6.10）的呼应，来自贝宁湾的青铜雕像站在一块砖的上面，形成了自上而下的斜切空间的线，而它本身又是透过框架、从英吉利海岸穿过巨石一直延伸到古希腊女

8　皮尔逊写到了勒·柯布西耶喜欢"把有机的形式与有组织的网格叠加在一起"。皮尔逊，《艺术与建筑的结合》，第312页。

9　同上，第190页。

10　勒·柯布西耶与皮埃尔·让纳雷，《勒·柯布西耶全集》（第3卷·1934—1938年）（苏黎世：建筑出版社，1945），第156—157页。首次出版于1938年。

11　同上，第157页。

图6.10　《勒·柯布西耶全集》中精心选择拍摄角度的阁楼起居室照片。

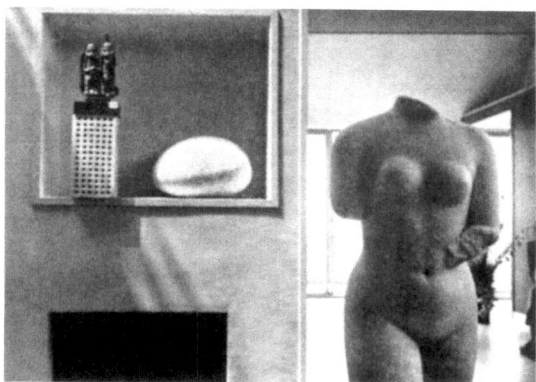

图6.13　在阁楼中举行的"所谓'原始'艺术展"（1935）上另一种壁炉的布置，摘自《勒·柯布西耶全集》。

性雕塑的斜向光线的呼应（图6.13）。它占据了照片的全景，打破了远近之间的平衡。勒·柯布西耶在自己家里玩着艺术品布置的游戏，不仅改变了我们对空间的认识，还颠覆了我们对时间的认知——跨越了古希腊雕塑和劳伦斯之间的许多个世纪、跨越了文化的差异、跨越了贝宁湾与这里的遥远距离。这个展览似乎要得出这样的结论，就像我们在第四章中谈到的那样，超越时间的界限是一份诗意的工作。

　　虽然这套公寓是钢筋混凝土框架结构的建筑，采用非承重墙划分，但是正如彼得·卡尔所说的，它就像是一个"博物馆一样的山洞"，丝毫感觉不到轻盈。[12]近距离观察位于关键空间之间的入口就会发现它为什么是这样的原因。通常上面会有一个架子的巨大门框，与它们所在的墙面很不相称，因为它们标志着不同行为空间的交界点。开端标志着拱顶的端部很深。过程中的平面图显示

12　彼得·卡尔，《勒·柯布西耶在巴黎的阁楼：朗吉瑟—高利街24号》，《Daidalos》，1988年第28期，第65—75页。

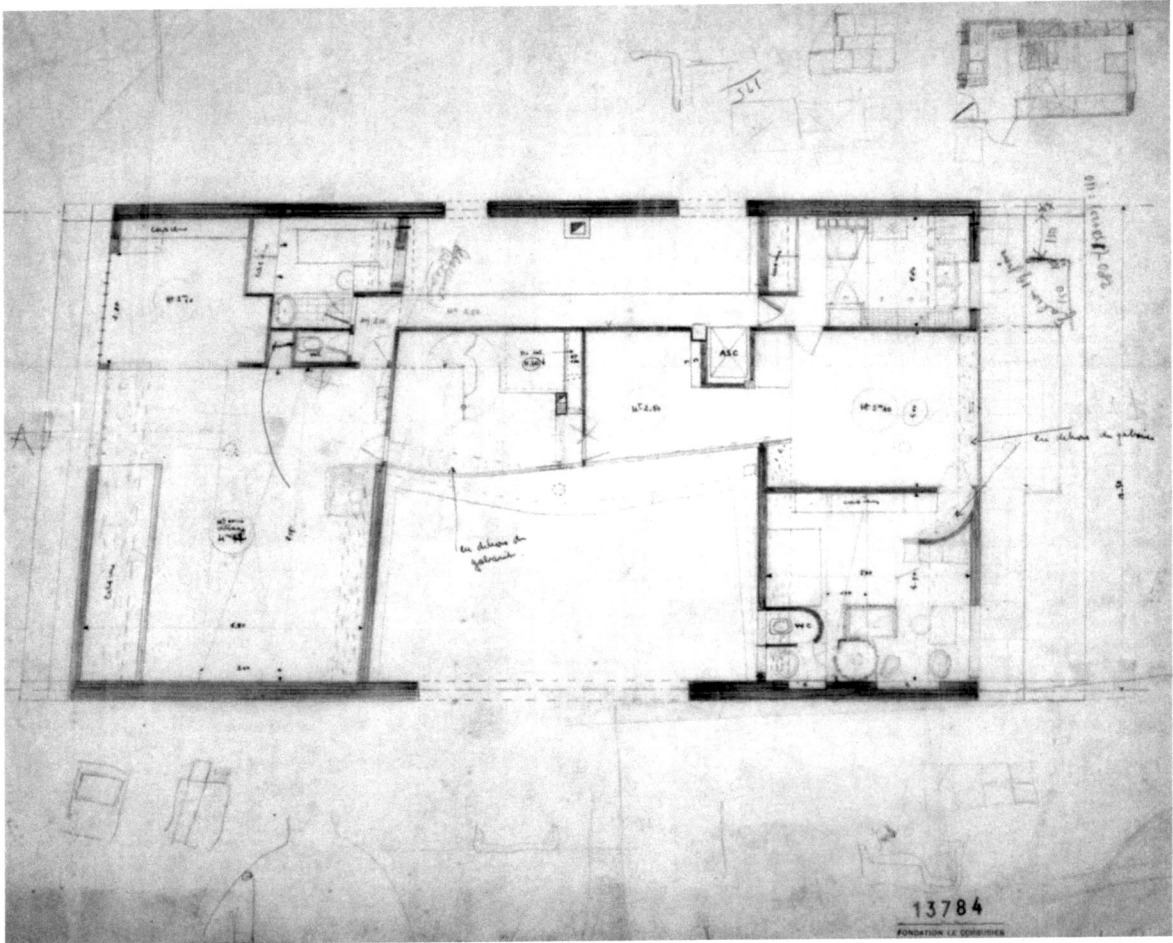

图6.14 阁楼餐厅和卧室之间开端的过程平面图表现了小门厅的引入，FLC 13784。

出勒·柯布西耶想要找到一个强调这个位于餐厅和他与伊冯娜的卧室之间的开端方法（图6.14）。[13]然而，解决这个问题的办法不在平面上，而是在剖面中，通过在架子所处位置的处理，阴影、架子和拱顶形成了很强的纵深感（图6.15）。现在，一个装在隆隆作响的脚轮上的大柜子非常有戏剧性地形成了一个周长将近1米的门。（图6.16和图6.17）

在卧室最深处的凹槽里，本身就是一个供洗漱用的龛（图6.8中的6）。玻璃砖墙挡住了视线，只能看到勒·柯布西耶刮胡子用的小圆镜（图6.18）。在阁楼另一侧的书房那边（图6.19），藏在小房间墙后面的是勒·柯布西耶自己内心的圣所，他经常坐在那张小桌子旁写作和思考（图6.8中5）。在他的水池边，光线通过玻璃砖墙照射进来，但没有什么值得一看（图6.20）。那里没有简单的答案或者显而易见的成见，只能不断激励人进行反省。所以读者必须回到开始思考的螺旋楼梯。

---

13 勒·柯布西耶基金会（此后简称为FLC）13784，摘自艾伦·布鲁克斯（编写），勒·柯布西耶档案，第11卷，第231页。此后简称为艾伦·布鲁克斯，档案11。

图6.15　阁楼中的开端，朗吉瑟—高利街24号（1933）

图6.16　进入勒·柯布西耶与伊冯娜卧室的衣柜门，阁楼，朗吉瑟—高利街24号（1933）。

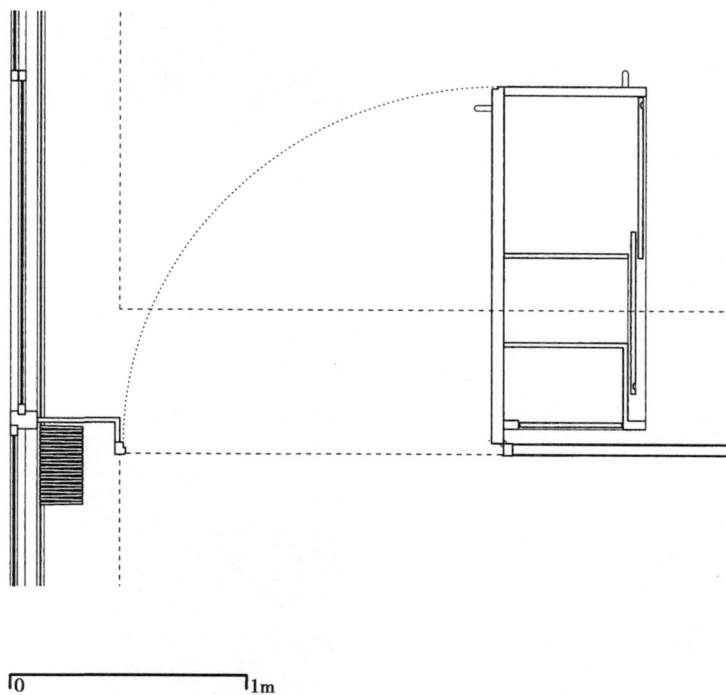

0　　　　　　　　1m

图6.17　餐厅和勒·柯布西耶与伊冯娜的卧室之间的开端，阁楼，朗吉瑟—高利街24号（1933）。

图6.18 阁楼中勒·柯布西耶刮胡子用的小圆镜，朗吉瑟—高利街24号（1933）。

图6.20 坐在阁楼书桌旁的勒·柯布西耶，朗吉瑟—高利街24号（1933）。

图6.19 阁楼中勒·柯布西耶的书房，朗吉瑟—高利街24号（1933）。左侧是放置书桌的龛，中间是水盆。

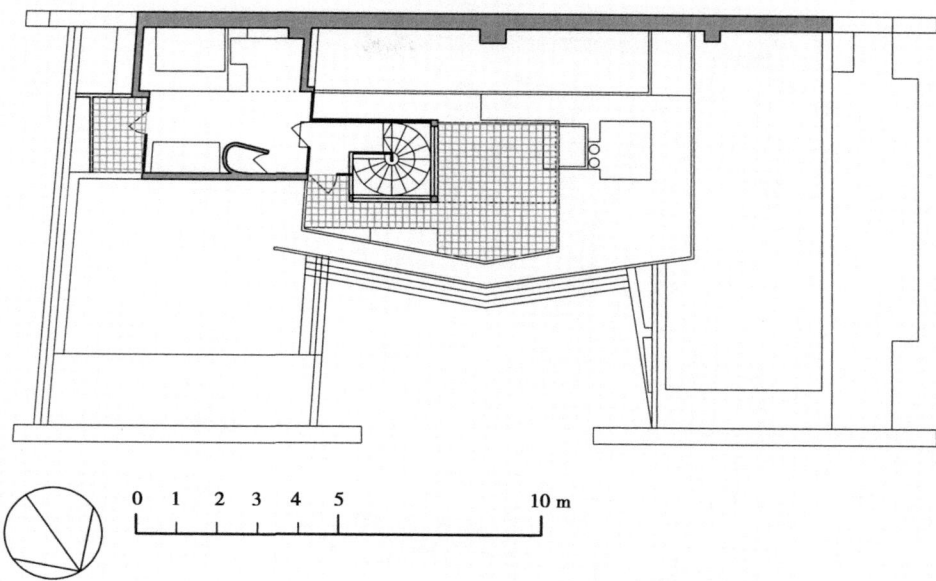

图6.21　阁楼花园平面图，朗吉瑟—高利街24号（1933）。

再定位

门厅的螺旋楼梯周围放着一系列"让人产生诗意反应"的东西，它的外侧被刷成了黑色，但是它的踏步是浅色的，上面有灯照着。楼梯的弧线与它所处的方形空间产生了鲜明的对比，再一次出现了对立面的互动——通过相互对比使彼此的特性更加突出（图6.21）。楼梯没有防护栏杆，只是在中心有一根柱子，这意味着它具备了勒·柯布西耶用来形成空间和危险意识的不确定的楼梯的很多特质（图6.22），同时也给方形的卧室和上面那个小小的屋顶花园让出了通道（图6.22）。

高潮

在《勒·柯布西耶全集》中的照片强调了透过灯塔看到屋顶花园的景象，它本身就起到了景框的作用，但是整个路线显然缺少一个超越于耀眼的阳光和强烈的空间感受之上的高潮。看似方形的小花园的边界对这个景象的呼应有力地加强了整体的封闭感。[14]（图6.23）

朗吉瑟—高利街24号的阁楼是勒·柯布西耶从职业生涯早期的"白色派"向后期的粗野主义过渡的转折点。它标志着他的漫步思想的转变，预示着将在拉图雷特中达到极致的一种趋势，其目的是要创造一种与住在其中的人的内心世界相关的连续性。阁楼的入口有一个暗示。从这里开始，出现了两条平等但是相反的路线，一条是穿过起居空间而另一条穿过书房，它们都通过拱顶上的梁形成了一种不连续的节奏。两头路线最后都是死胡同，迫使读者回到开始的入口大厅。真正的高潮在

14　相关讨论可以参见弗洛拉·塞缪尔，《勒·柯布西耶、女性、自然和文化》，《关于艺术和建筑的问题》，5，2（1998），第1—17页。

图6.22　通往阁楼屋顶花园的楼梯，朗吉瑟—高利街24号（1933）。

图6.23　阁楼屋顶花园，朗吉瑟—高利街24号（1933）。

通往屋顶花园的螺旋楼梯上，可是它又没有像萨伏伊别墅那样的焦点，释放的可能性非常有限。

总结

　　勒·柯布西耶把自己看做一名僧侣——柯布神父，活在精神折磨和极度的痛苦之中，他深信这是僧侣生活的关键要素，只是不遵守难以忍受的独身戒律。朗吉瑟—高利街24号阁楼中的漫步遵循了叙事的五个步骤，它的修辞方法似乎受到了他的妻子伊冯娜的引导，她很喜欢她在雅各布街23号的老房子。正如我们将在拉图雷特和《直角之诗》——实际上它就是他和他妻子关系的表现——中所看到的那样，这里的处理也是含蓄的、循环的、没有轻松的结尾的。具有讽刺意义的是，由于腿瘸得很严重，伊冯娜无法跨过楼梯去到外面的世界，她就像一个囚犯一样度过了她的余生，所以不能、也不愿意理解勒·柯布西耶想要的漫步。在后来的生活中，勒·柯布西耶意识到了这一点，对把她"禁锢在一个方盒子里"而深表歉意。[15]

15　玛格丽特·加莱克与简·德鲁的访谈，1995年5月20—21日，《国家生活选集》，不列颠图书馆，F823。

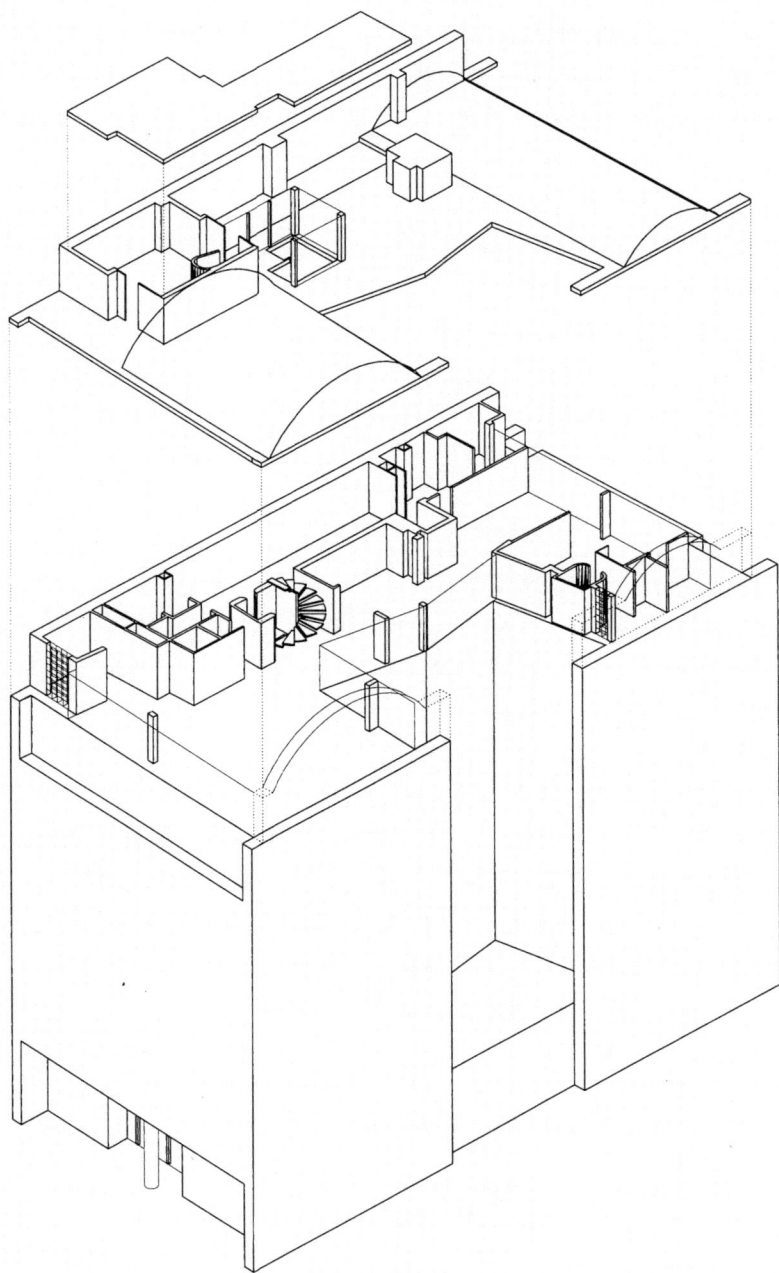

图6.24 体现朗吉瑟—高利街24号（1933）阁楼建筑漫步要素的轴测图。

加乌尔大厦B座，1955—1957

加乌尔大厦是一栋由两个拱顶房子组成的建筑，是1950年代初为钢铁实业家米歇尔·加乌尔设计的，位于巴黎外围的讷伊郊区。和萨伏伊别墅一样，"日照的问题决定了平面和剖面的布局"。[16] A座是为父亲设计的，与街道和隐藏在后面的、为儿子设计的B座平行。这里要说的是更加放松的B座（图6.25）。在卡罗琳·马尼亚克的《勒·柯布西耶与加乌尔大厦》中，对这栋房子有大量的描述，揭示了这栋简单的房子下隐藏的解释的多样性。她用整整一章来说"漫步"，但是对它的要素却没有给出很多的细节。

这两栋房子都是沿着卡塔兰拱顶的线建设的，一个较宽，另一个稍窄一些。这给立面带来严格的限制（图6.26），同时也决定了漫步的方向。剖面上三分之二的部分被分给了主要空间，剩下的三分之一是辅助空间、厨房、儿童房等等。在这里我们有必要再次回忆一下勒·柯布西耶对文艺复兴时期绘画中的三分法的喜爱，因为这样会在远近之间形成一种张力，而这种张力可以起到吸引人进入的作用。在漫步朝拱顶方向延伸的地方，巨大的梁形成了一股不断向前的力量。这里的任务就是要保持这种向前的穿透力。勒·柯布西耶写道，"这种房子的设计要非常小心，因为结构元素是唯一具有构造意义的东西。"[17]

通常来说，是由墙体承担拱顶的荷载的，但是在加乌尔大厦中则是通过大量的过梁让拱顶的荷载越过各种洞口分散到巨大的纵向承重墙上。[18]正如勒·柯布西耶所说的，"平行墙上的洞口和虚实之间的对比构成了整个布局，但更多的是建筑的游戏"。[19]线形的空间在这里被横向打断了，每一片都会下一步的旅程产生影响。（图6.27）

"元素是结构的参与者（想法或者系统），是对材料的选择"，勒·柯布西耶这样写道。它们是"最基本的、最日常的"，[20]砖、瓷砖和铺着茅草的卡塔兰拱顶。这栋建筑非常重要的一个关键点是艺术，加乌尔收藏了大量杜布菲的"原始"艺术品。杜布菲那种僵硬的、令人震惊的创作特点是一种原始的感官刺激，一种带有深层内心信息的极致的触觉。这三样东西似乎对加乌尔大厦B座来说非常重要，因为对于勒·柯布西耶来说它代表着"让建筑要素的构成变得明朗"——调焦（mise au point）[21]，通过这个方法让我们注意到建筑功能的升华和启示。

16　勒·柯布西耶，《勒·柯布西耶全集》（第5卷·1946—1952年）（苏黎世：建筑出版社，1973），第173页。首次出版于1953年。

17　勒·柯布西耶与皮埃尔·让纳雷，《勒·柯布西耶全集》（第3卷），第125页。

18　关于这些拱顶的描述可以参见卡罗琳·马尼亚克，《勒·柯布西耶与加乌尔大厦》（巴黎：Picard，2005），第84—87页。

19　勒·柯布西耶，《勒·柯布西耶全集》（第5卷），第173页。

20　同上，第216页。

21　勒·柯布西耶，《勒·柯布西耶全集》（第6卷，1952—1957）（苏黎世：建筑出版社，1985），第208页。首次出版于1957年。

图6.25　从坡道看加乌尔大厦，摘自《勒·柯布西耶全集》（1955—1957）。

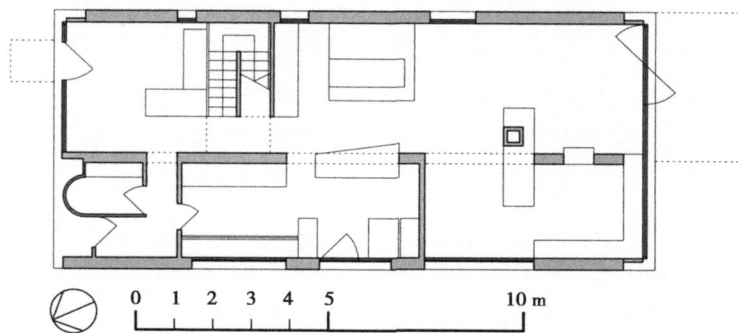

图6.26　加乌尔大厦B座（1955—1957）首层平面图。

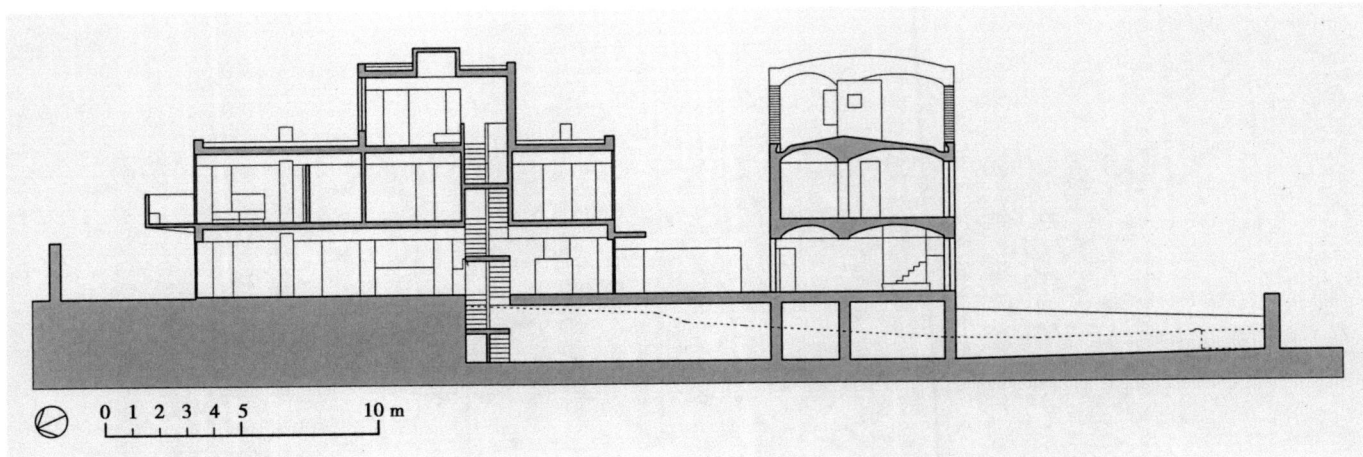

图6.27 加乌尔大厦B座（1955—1957）横剖面。

开端

位于隆尚路上的大门是引导人进入这栋房子的流线中的第一个要素。往上可以进入住宅，往下可以通过坡道进入地下车库。往上走三步台阶，就到了铺着巨大的方形石板的方形庭院，它看上去比实际的要小。就像洛奇大厦三层通高的空间或者朗吉瑟—高利街24号的门厅一样，这个庭院起到了两个空间之间的暗示的作用。A座的出入口与坡道平行，B座的入口在它的对面，被一个巨大的水平凉篷挡着，凉篷非常简洁，旁边有一个吐水口（图6.28）。它的上面是长长的混凝土过梁，遮蔽着木质的护壁板，使开端显得更有纵深感，就像首层的单薄的基座一样。所以，尽管从立面上看门本身是非常简单的，但是它被嵌到了一个非常复杂的、层叠的立面上。

让感觉变得敏锐的前厅

前厅的两个外立面都是木板窗形成的墙，上下都有百叶。和往常一样，前厅也是方形的。它的一侧感觉上非常封闭，被楼梯间黑色的纵向承重墙所包围。另一侧却向着一直穿过住宅直到蜿蜒向上的楼梯间的纵向远景全部打开。读者已经注意到了这座建筑中非常有特点的、奇怪的空间游戏。

楼梯下面的椅子和一块很粗的木板形成了一个坐下来脱鞋的空间（图6.29）。它的旁边是一张抛光的混凝土祭桌，可以放置客人的钥匙和包。建筑的入口有一间藏在镜子后面的小小的浴室，但是外墙的曲线却透露了这一点。和萨伏伊别墅一样，这里也赞美了洗礼和重生。地板上嵌着一块瓷砖，勒·柯布西耶在上面印上了"只能用心清洗这块地板"的话——盐或者太阳，对它的理解很模糊，同时又让人联想到洗涤广告和异教思想（图6.30）。

质疑——理解居住

罗曾经描写过柯布空间中颇具特色的竖向和横向流线之间的平衡。而在加乌尔大厦B座楼梯间里的这种感觉比任何地方都要强烈，在这里，向上、向前和侧边的流线之间的张力让站在毫无头绪的乳白色瓷砖地面上的读者觉得很困惑，但是最后还是会被光吸引到叙述中的质疑部分——沙龙之中

146

图6.28　进入加乌尔大厦B座（1955—1957）的门，摘自
《勒·柯布西耶全集》。

图6.29　加乌尔大厦B座（1955—1957）门厅。

图6.30　加乌尔大厦B座（1955—1957）
地板上的瓷砖。

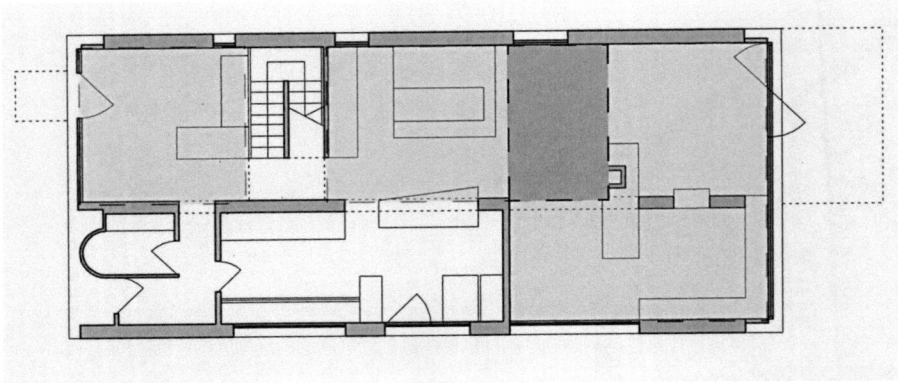

图6.32　表现加乌尔大厦B座（1955—1957）首层平面中关键的方形空间，以及餐厅和起居室的空间重合的示意图。

图6.33　加乌尔大厦B座（1955—1957）壁炉的背面。

图6.31　加乌尔大厦B座（1955—1957）中通往楼梯间的沙龙。

（图6.31）。餐桌布置在一个方形的空间里，而这个空间实际上是从一个稍大一些的矩形空间中划分出来的一个方形（图6.32）。正如1944年乔奇·凯帕斯在谈到现代艺术时所写的那样，"在连续的动作中，空间不是后退了，而是变得波动了。"[22]这里会有一种奇怪的空间体验，平面上所出现的东西和立面是一样的。

　　在整个布局的中心是一个非常具有雕塑感的壁炉。但它不是壁炉，只是一幅既富有挑逗性又有些嘲弄意味的关于火的画（图6.33）。真正的火在另一边的炉床里，迫使流线的方向向后转（图6.34）。这个壁炉边的空间，就像建筑另一侧的大厅一样，平面是方形的，营造了某种宁静的感觉。这是一个停下来思考的地方。干扰很少，只有旁边那个小小的书房，可想而知它为加乌尔的艺术品提供了一个家。实际上，这种宁静感几乎让人放弃了沿着建筑转回来再顺着楼梯往上走的想法，除了橱柜背后隐约可见的楼梯平台之外，它就像隐藏在屏风后的一根手指，召唤着我们往上走，令人心动且充满暗示。[23]

22　乔奇·凯帕斯，《视觉语言》（芝加哥，1944），第77页，被引用于柯林·罗和罗伯特·史拉斯基，《透明：文字的和现象的》，摘自柯林·罗，《理想别墅中的数学》（剑桥，马萨诸塞：麻省理工学院，1976），第161页。
23　同上，第222页。

图6.34　加乌尔大厦B座（1955—1957）中的壁炉。

图6.36　加乌尔大厦B座（1955—1957）二层楼廊尽端的绿色烟道。

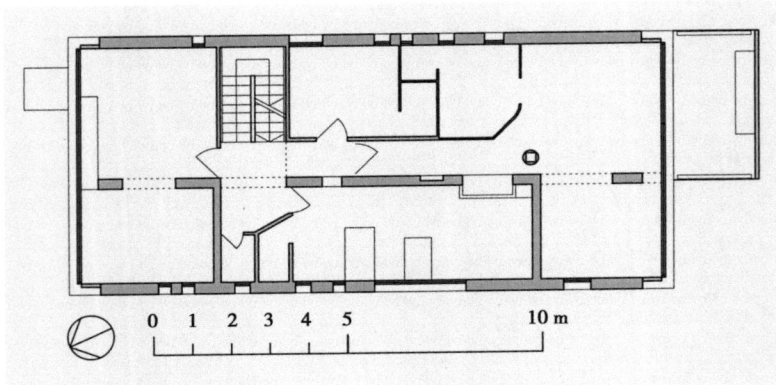

图6.35　加乌尔大厦B座（1955—1957）二层平面图。

图6.37　通往加乌尔大厦B座（1955—1957）三层楼梯间侧墙上的梯子。

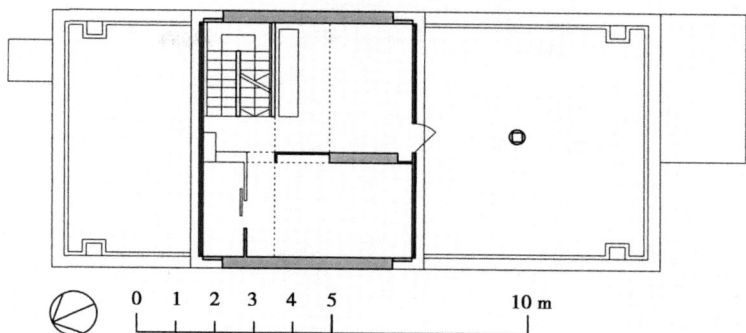

图6.38　加乌尔大厦B座（1955—1957）三层平面图。

再定位

　　《勒·柯布西耶全集》中关于加乌尔大厦B座的一系列图片带领我们进入了起居室，并沿着后面的楼梯往上走。三张不同角度的楼梯照片强调了它在叙事再定位中的核心地位，它是"可塑的建筑游戏的一部分"。[24]和勒·柯布西耶的很多作品一样，这部楼梯的踏步也是从中间的墙上悬挑出来的，在踏步之间形成一条缝，让它们看上去有点令人害怕，这是跟重力开的一个小玩笑，是信心的激增。起结构承重作用的墙被刷成了黑色，这样可以减弱它的重要性，而那些显然不起支撑作用的墙却被刷成了白色，夸大了这种由中间的墙支撑楼梯的手法，并且强调了从缝里透过来的光的效果。第一个梯段上的扶手是白色的钢带，很脆弱的感觉，冰冷而且摸着也不太舒服，再次弱化了手的感觉。

　　二楼的走廊（图6.35）位于建筑的中轴线上，但是穿过主卧直到花园的视线被一根从下面的壁炉升上来的烟囱给挡住了。它被刷成了绿色（图6.36）。同样的绿色还被用在了混凝土梁的一侧和楼梯间旁边的墙上。这样会在透视上形成一种缩短的效果，绿色元素的出现联合在了一起，从而不会让空间显得过于冷酷，这是柯布惯用的手法。

　　到了二层平台上之后，读者会被拉到左边，而不是右边，因为那里没有壁炉烟道的，无法在整体布局中提供一个这么强烈的焦点。要进入卧室必须在柱子和弧线形的浴室之间挤过去，这样才能到达那个充满了对比的房间。接着，背对着光的读者会看到浴室里红色和蓝色的管子，就像血管一样，这栋住宅里面的管道设备就这样与褐色的瓷砖相互映衬着，甚至有点像不堪入目的器官。这个在绿色的柱子和环绕它的弧线的包围下的空间形成了另一个停顿，但是楼梯间里光的记忆驱使读者继续向前，它形成了一种连续的向前的引力。

　　站在下一个梯段下面的二层平台上，可以看到上面的侧墙上嵌着一部通常用于信号箱或者吊车上的钢梯（图6.37）。得费点力气才能爬上那部梯子，感觉自己像是被捉弄了一样。是的，它的确可以

24　乔奇·凯帕斯，《视觉语言》（芝加哥，1944），第77页，被引用于柯林·罗和罗伯特·史拉斯基，《透明：文字的和现象的》，摘自柯林·罗，《理想别墅中的数学》（剑桥，马萨诸塞：麻省理工学院，1976），第221页。

图6.39 从加乌尔大厦B座（1955—1957）
三层楼梯间往下看。

让你把脑袋伸出窗户，看到上面沿着这两座房子的长轴方向前进的马路，但是它除了让你怀疑自己为什么这么容易分心之外就没有别的什么作用了。

爬回来的读者继续向着屋顶上空气清新的书房前进。侧光照亮了之前若隐若现的楼梯，它向上的趋势受到了上面拱顶的限制。它暗示着进一步探索天空的可能性，那是我们到达不了的地方。实际上，楼梯间并非像《勒·柯布西耶全集》中的平面图那样是包围在高高的墙里的，这意味着空间是相互流动的，在楼梯间的顶部形成了一种很强的扩张感（图6.38）。

这里的实体栏板中出现了一个《勒·柯布西耶全集》中没有的座位。它的作用是让人在艰苦的攀登之后可以稍事休息。勒·柯布西耶的建筑都是为了运动的热情、对肌肉力量的认知、身体的放松和心脏的跳动而设计的。这个看上去有点像未完成的座椅是那些奇怪的吸引读者投入的零部件之一——它是一个有着无限可能的潜在娱乐场所，因为从这里可以一下跳到下面的楼板上。空白的墙面和这个相对较暗的角落意味着我们的注意力会转向相反的方向，在那个方向读者的脚步已经串起了关于这栋房子的记忆。

高潮

只要再跨几步就可以到达位于房间另一侧的窗户，它那深深的窗框让它看上去有点像一扇门。一旦打开，就可以看到一个往上进入维吉尔花园宽阔的木架中的台阶，从下面伸上来的风道就在里面，只不过被刷成了白色，在一片草地和鸢尾花的映衬下，它就像是废墟中一根孤独的柱子那样耸立着（图6.40）。

图6.40 从加乌尔大厦B座（1955—1957）通往屋顶的门往外看。

勒·柯布西耶的浪漫主义思想在这个极具画面感的地方到达了顶峰。从某种程度上说，这栋建筑像是逐渐消失在天空中，是一个关于时间、死亡和溶解的幻想。就像圣波美的拱顶建筑一样，加乌尔大厦B座的拱顶让我们看到了地下的生活，她半死不活地住在跨过楼板裂缝的抹大拉山洞里，仅靠天使的音乐维持生命。和加乌尔大厦B座一样，这些建筑是禁欲的，是为了加强反应和在一个友好的环境中隐居而建造的。

总结

加乌尔大厦B座标志着又回到了在萨伏伊别墅中表达非常明确的雅各布阶梯路线的确定性。勒·柯布西耶用层叠和非常原始的材料，而不是通常的漫步模式中常见的弯弯曲曲的变化，来强化读者对空间和时间的认知。漫步非常清晰，沿着楼梯向上，然后进入顶部的屋顶空间，然后打开那扇朝向天空的门（图6.41）。

结论

头顶的拱顶对漫步的特征产生了巨大的影响。阁楼上横向拱顶的出现切断了漫步的路线，而且还同时在平面和立面上阻止了模糊的重叠体量的形成，而这恰恰是加乌尔大厦一个显著的特点。

进入时而像个方形时而又像是较大体量中一个角落的空间会形成一种闪烁变化的感觉，它会吸引读者继续向前。这些例子所表现的转变不仅是早期的白色派建筑和更加彩色的、更富有质感的东西之间的区别，它是两种不同的空间认知方式之间的转变，首先是一系列的平面，然后是一系列叠加的体量。

加乌尔大厦B座中的叙事步骤非常清晰，比朗吉瑟—高利街24号要简练得多。为别人设计房子和为自己设计房子是完全不同的两码事。建筑师必须进行一场表演，显得非常具有说服力而且无比确定才能赢得业主的信心。他或她还必须对需求进行分类并做出判断，通常会建立在常规的假设上。结果可能是非常有条理的，但是实际上和业主的需求没有太大的关系。我相信，这就是为什么相对于勒·柯布西耶自己家里表现大于实用，而且让他怀疑自己的存在的漫步而言，为业主设计的房子中的漫步要清晰得多的原因。

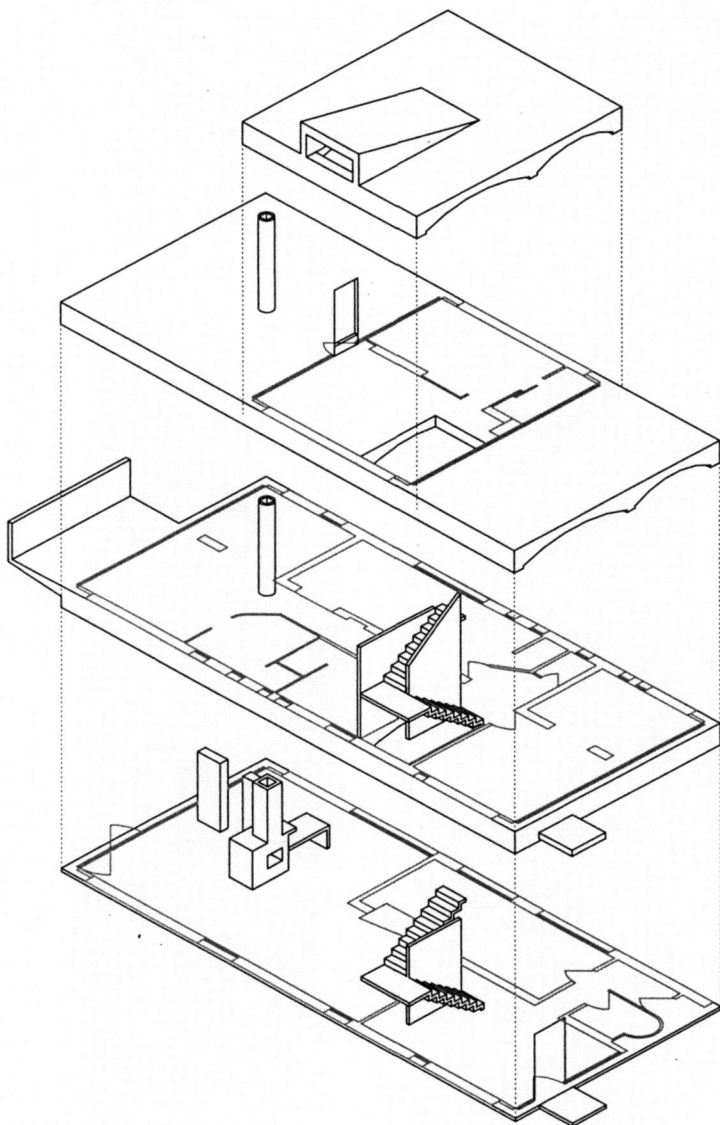

图6.41　表现加乌尔大厦B座（1955—1957）建筑漫步元素的轴测图。

图7.1　杜瓦尔工厂（1946—1951）主要的3层生产空间。

7. 公共生活的复杂叙事

现在我们已经清楚勒·柯布西耶的大部分居住建筑都遵守我前面所说的五个叙事步骤。本章中我想讨论的是在那些有着复杂的多条流线和各种阅读可能性的公共建筑中，这些叙事结构是如何变化和被曲解的。我选择了三个案例来进行分析，每个案例都是雅各布阶梯的不同呈现形式。在杜瓦尔工厂中，理想化的雅各布阶梯式漫步与工厂的实际生产活动背道而驰。在巴西大楼的首层可以看到关于勒·柯布西耶对那个国家理想化看法的内心之旅，而在拉图雷特修道院中，真实世界的漫步被来自灵魂宇宙空间的非现实世界打断了。

杜瓦尔工厂，1946—1951

工业化生产对勒·柯布西耶的秩序精神很有吸引力。[1]底特律福特工厂的一次参观让他叹为观止，在那里"所有人卖力工作，所有人都达成一致，有着同样的目标，他们的思想和行动都沿着同样的方向走"。[2]勒·柯布西耶设计的唯一一家工厂，杜瓦尔工厂体现了功能主义——物品在建筑中以最有效的方式运转——和开端的路线之间的张力。

这座混凝土建筑原来是一座制作女帽的工厂，它的主人是让—雅克·杜瓦尔，二战中这座建筑被毁了，重建之后的工厂用墙面的碎石保留了之前的记忆。这是一栋"完全模度化"的建筑，[3]勒·柯布西耶将工厂（图7.1）与前一年——1945年建成的马赛公寓连在了一起。"它们都表现了一种粗野的健康，它们都采用了最浓烈的色彩搭配。"重点是"在一种近乎音乐的精妙之中"[4]所体现的和谐。这是一座根据身体的节奏和色彩而设计的建筑，让人感受到和谐的力量，就像《勒·柯布西耶全集》中紧随其后的圣波美那样。

对于勒·柯布西耶来说，数字的运用是统一过程中的一个关键内容。实际上，我们必须以勒·柯布西耶在《光辉城市》中所提出的思想为背景来看杜瓦尔工厂，在那本书中，工作和生活可以在一个建立在相互尊重而不是金钱基础上的社会中达到平衡，因此勒·柯布西耶那只张开的手——在《直角之诗》的F部分对其进行了讴歌——对于这个方案来说有着重要的意义。

1　勒·柯布西耶和皮埃尔·让纳雷，《勒·柯布西耶全集》（第1卷·1910—1929年）（苏黎世：Girsberger，1943），第78页。首次出版于1937年。

2　勒·柯布西耶和皮埃尔·让纳雷，《勒·柯布西耶全集》（第3卷·1934—1938年）（苏黎世：建筑出版社，1995），第24页。首次出版于1938年。

3　勒·柯布西耶，《勒·柯布西耶全集》（第5卷·1946—1952年）（苏黎世：建筑出版社，1995），第13页。首次出版于1953年。

4　同上，第14页。

图7.2　杜瓦尔工厂（1946—1951）。

张开，是因为
所有现在可以得到的
可以认知的
张开，去接受
张开，也是为了所有其他的
可能到来的和带走的……
我得到了整只手
现在，我伸出整只手。[5]

勒·柯布西耶1930年代所写的关于鹿特丹的凡·尼尔工厂的描述最早见于一本工会杂志中，后来又在《光辉城市》中再次发表了，其中给出了一个强烈的暗示：他把集体生产看做一种精神需求。

创作于现代的鹿特丹凡·尼尔烟草工厂去掉了之前所有的来自于"无产阶级"这个词的绝望意味。它偏离了以自我为中心的天性而转向集体行动，这就形成了一个愉快的结果：人类活动的每个阶段都有个体的参与。劳动保留了基本的物质性，但是它在精神上得到了升华。我再重复一遍，一切都在那句话里：爱的证明。

为了实现这个目标，我们必须用新的能够提纯和放大的管理形式来领导我们的现代社会。告诉我们，我们是谁，我们能做什么，我们为什么工作……把我们团结起来。跟我们对话。我们是有组织的等级体系中的一个整体么？

如果你告诉我们这样的计划，并对我们做出解释，那么"有产者"和绝望的"无产者"之间古老的分歧就会消除。将只有一个简单的社会，思想和行动都达成一致。

我们生存在一个最严酷的理性主义时代，而这是一个良心的问题。我们必须唤醒社会的良心，每个人的和对所有人的良心。

这是一个精神任务。

最高尚的，也是唯一能够激发所有的激情的任务。这是人类最真实的使命；理由是为了生存。

精神上的满足，精神上的愉悦——个体的和集体的……演出已经开始：吝啬鬼、叛徒和胆小鬼已经登场；但是自信的骑士必将取得最终的胜利。[6]

5　勒·柯布西耶，《直角之诗》（巴黎：Editions Connivance，1989），F3部分，奉献。

6　勒·柯布西耶，《光辉城市》（伦敦：Faber，1967），第177页。原书名为《La Ville Radieuse》（巴黎：当代建筑出版社，1935）。

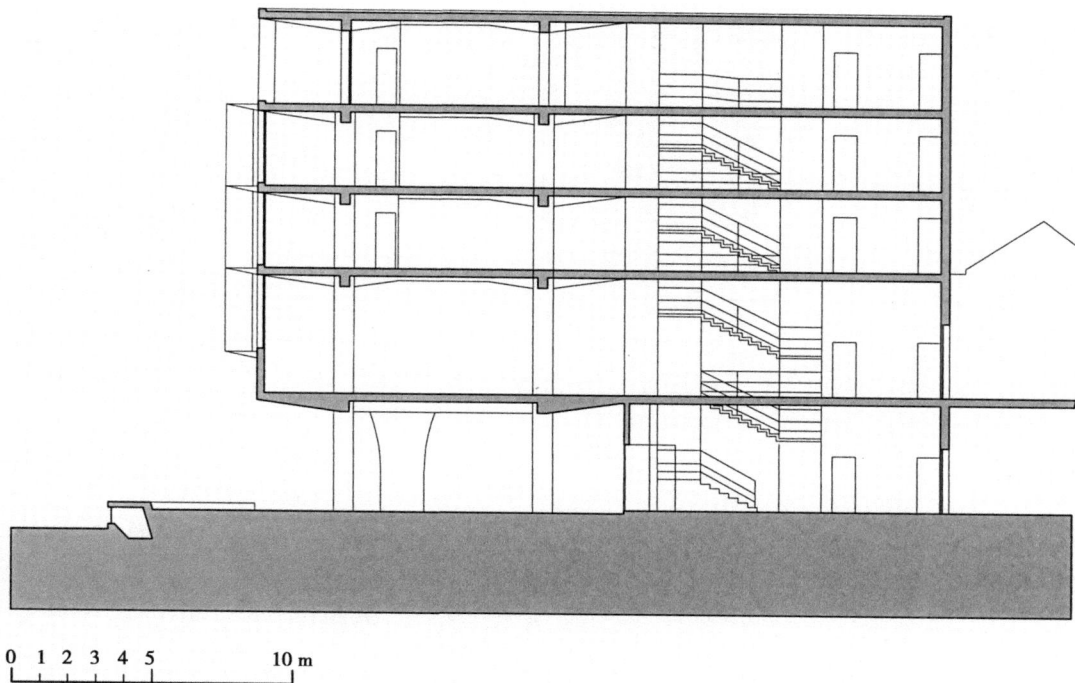

图7.3　杜瓦尔工厂（1946—1951）横剖面。

勒·柯布西耶在圣迪耶的信中再次提到了"我们必须欢迎社会的良心"这句话，暗示着杜瓦尔工厂正是基于这个想法的。[7]这里的想法是要通过创造一种启发性的工作环境来促进对理解居住的理解。后来这成了这个方案的核心问题。[8]

开端

和大多数底层架空的建筑一样，杜瓦尔工厂的范围和入口都很模糊，建筑和周围的环境融合在了一起（图7.2）。街上一个小小的混凝土通道嵌入到了锁链围墙中，标志着入口的所在。从这儿跨过底面被刷上了各种颜色的建筑基座往上走（图7.3）。

无论是进入工厂还是办公区的门都非常简单，它们嵌在玻璃框中，这样可以把室内外的界限降到最低。楼板的石材从有到无，进一步弱化了两者之间的区别。旁边的墙上刻着张开的手的浮雕，用来放置工厂的日程表，象征着爱的付出和得到。

让感觉变得敏锐的前厅

和勒·柯布西耶的建筑中经常见到的那样，入口大厅是一个隐含的方形，与根据基地原有的空间而建立的一系列空间连接在一起（图7.4）。[9]首层被切成斜角的接待台让读者转向耀眼的白色服务核，从那儿可以到达三层工厂中的任何一层，每层都能看到外面的景观，这样可以让员工

7　丹尼尔·葛朗蒂蒂尔，《勒·柯布西耶与圣迪耶》（圣迪耶：市立博物馆，1987），第115页。

8　参见勒·柯布西耶写给拉乌尔·道特里的信，1945年12月12日，再版于上书中，第60页。

9　丹尼尔·葛朗蒂蒂尔，《勒·柯布西耶与圣迪耶》，第115页。

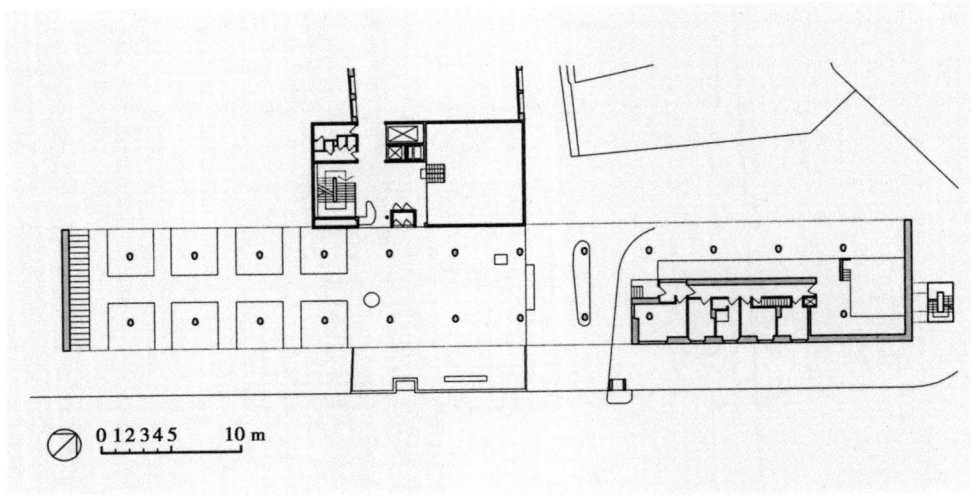

图7.4 杜瓦尔工厂（1946—1951）首层平面图。

图7.6 杜瓦尔工厂（1946—1951）顶层办公区的主楼梯。

图7.5 杜瓦尔工厂（1946—1951）的主楼梯。

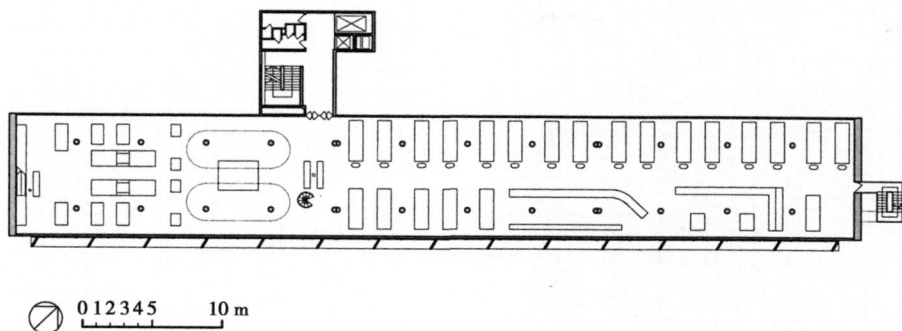

图7.7　杜瓦尔工厂（1946—1951）二层平面图。

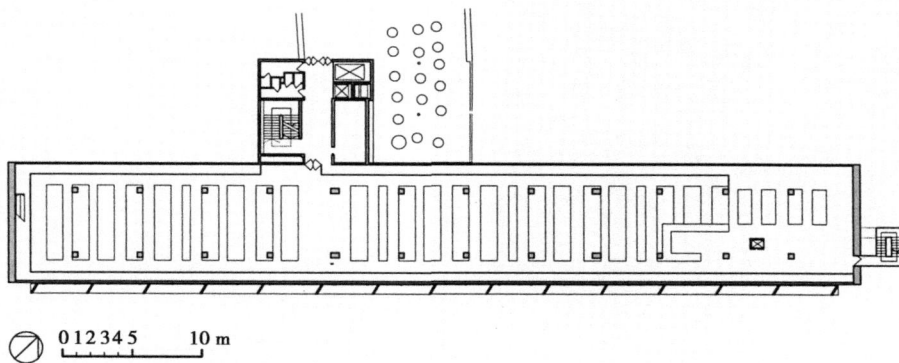

图7.8　杜瓦尔工厂（1946—1951）三层平面图。

"清楚地看到"任务要求。这个实用的楼梯是穿过这座建筑的主要交通流线（图7.5）。从工厂层到上面的管理人员办公区所有细节都平等对待，毫无二致。金属的扶手和栏杆已经简化到了极致。当吊顶高度有限的时候，楼梯就像桥一样悬挂在那里，然后继续通往上一层。当到达办公层的时候，读者会再次看到一个巨大的张开的手的浮雕，再次强调出这栋建筑的核心信息（图7.6）。

质疑——理解居住

生产过程开始于工厂最上面的走廊里的制版。随着生产的进程，帽子和其他产品从这里通过非常戏剧性的滑道往下走，直到二层的仓库，它们将在那里被装上卡车运往各处（图7.7）。这里的生产线和雅各布的阶梯的方向是相反的。每个工人都在生产过程中从事特定的工作，并且根据他们所掌握的技能进入不同的楼层工作。主要的漫步似乎只对顶层的管理者起作用，按照勒·柯布西耶的说法，他们的工作是思考和领导。

图7.9　始于杜瓦尔工厂（1946—1951）三层的螺旋楼梯。

通往工厂主要楼层的走廊设在三层（图7.8），再穿过一个高高的门槛，它平衡了楼梯向上的推力和生产空间的水平延伸感。底层的架空柱穿过工厂的楼层，对里面的行为进行了细分，柱子上面是粗糙的现浇混凝土梁，它们的两端根据里面的荷载分布而张开。它们和窗户的线条和刷成不同颜色的顶棚一起为在下面工作的工人创造了一个愉快的氛围。象征精神和肉体的黄色和红色占据着主导地位，而绿色的通风管网穿插在其中。在工厂两端都能感受到外面粗糙的石墙，就像在朗吉瑟—高利街24号所感受到的一样，与其中的梁和管道形成鲜明的对比，再次强调了对过去和现在的感知。

再定位

无论从象征意义还是从字面上来说，宽阔深邃的工厂中主要的再定位点都在那个从三层通往上面的办公区的、非常具有戏剧性的螺旋楼梯上。这个黑色的鼓一样的楼梯更像是一个巨大的筒仓，打开后可以看到黄色的内核和里面精致的螺旋楼梯（图7.9）。在勒·柯布西耶的文章中，光这个词和知识这个词之间往往是有区别的，这里的黄色象征着楼上的光和知识向下的渗透。虽然能够阻隔噪声，但更多的是起到仪式性作用的门在工厂与上面的制版楼层（图7.10）和办公层之间的形成了一个过渡，楼梯在那里穿过楼板进入了一个通过天窗采光的空间。出现在楼梯顶层充满阳光的等候室里的读者会再次遇见张开的手和能够直接看到上面的办公室的接待台（图7.11）。

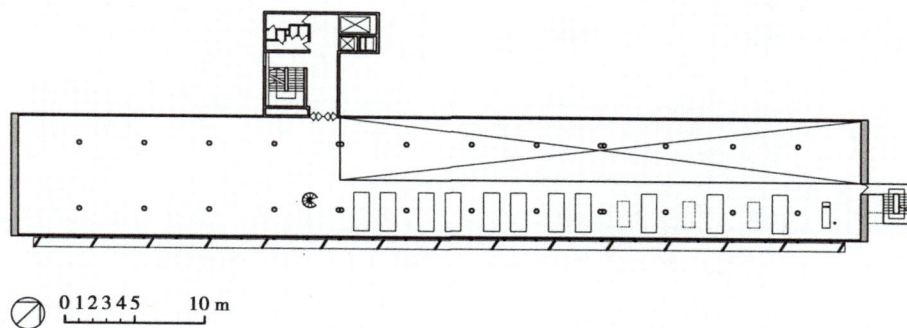

图7.10　杜瓦尔工厂（1946—1951）四层平面图。

图7.11　杜瓦尔工厂（1946—1951）中出现在办公层的螺旋楼梯。

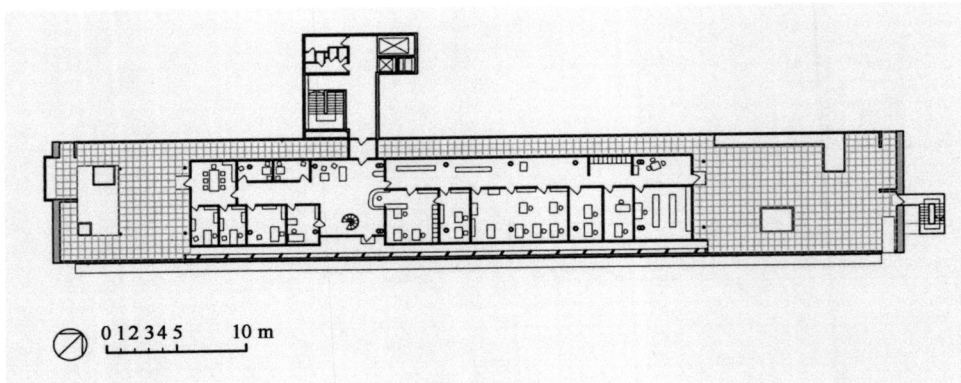

图7.12　杜瓦尔工厂（1946—1951）办公层平面图。

高潮

虽然从平面上看办公区显得相对简单，但是顶棚却错综复杂——有时候是曲线的，有时候是从柱子扇状散开的，让人联想到哥特式的教堂。壁纸上印着勒·柯布西耶的绘画中的细部，大大的扭曲了空间的尺度感和肌理，每间管理人员办公室都会提醒人们这个企业的真正起因。有时候门本身就贴着这些图案的壁纸，意味着穿过这扇门的时候需要理解这些图形和它的意义。通过巨大的色板，柯布的技巧中成套的巨大壁画和起伏的顶棚集结在了一起，把空间问题提到了最前端（图7.13）。

勒·柯布西耶经常会思考明智的领导这个问题，他相信领导者在向那些理解力较差的人传递知识的过程中起着特殊的作用。[10]在一连串的办公室的尽头是一间巨大的会议室，这几乎是漫步的尽端了，它就是这栋建筑的神经中枢。在这个房间里，管理者的集体意识集中在了工厂运营的精神工作上。从这里经过一扇竖轴转窗就到了屋顶花园和把远山框在里面的景框。景框所在的墙面镶嵌着彩色的瓷砖——黄的、蓝的、绿的——象征着柯布对太阳、空间和草木的经典颂歌。这更多的是精神漫步的高潮，与它反方向的一端，就是帽子、衣服和工厂的其他产品装车出售的地方。

10　关于这个问题的进一步讨论可以参见弗洛拉·塞缪尔，《勒·柯布西耶，德日进神父和人类中心论：现代主义心中的精神思想》，《法国文化研究》，11，2（2000），第181—200页。

图7.13　杜瓦尔工厂（1946—1951）管理者会议室的景象。

总结

从管理者穿过商店层、迎着生产程序逆流而上、穿过螺旋楼梯进入办公区并最后出到自然中的旅程中可以挖掘出勒·柯布西耶叙事步骤的基本要素（图7.14）。同时，这栋建筑还包含了随着视点的变化让漫步变得模糊和丰富的次流线。这些流线是去往工厂中不同生产部门的路径。不容否认，无论勒·柯布西耶把前往办公区的流线做得多么吸引人，也不管主楼梯的细节显得多么的平等，把管理人员放在最上面的做法还是有着很深的等级思想的。杜瓦尔工厂是一个极端理想化的、用人和物在建筑中的流线表现合作抗衡商业主义、精神抗衡物质的建筑。从某种程度上说，无论它是多么的不完美，但是仍然从精神层面代表了勒·柯布西耶心中平等思想的抗争。

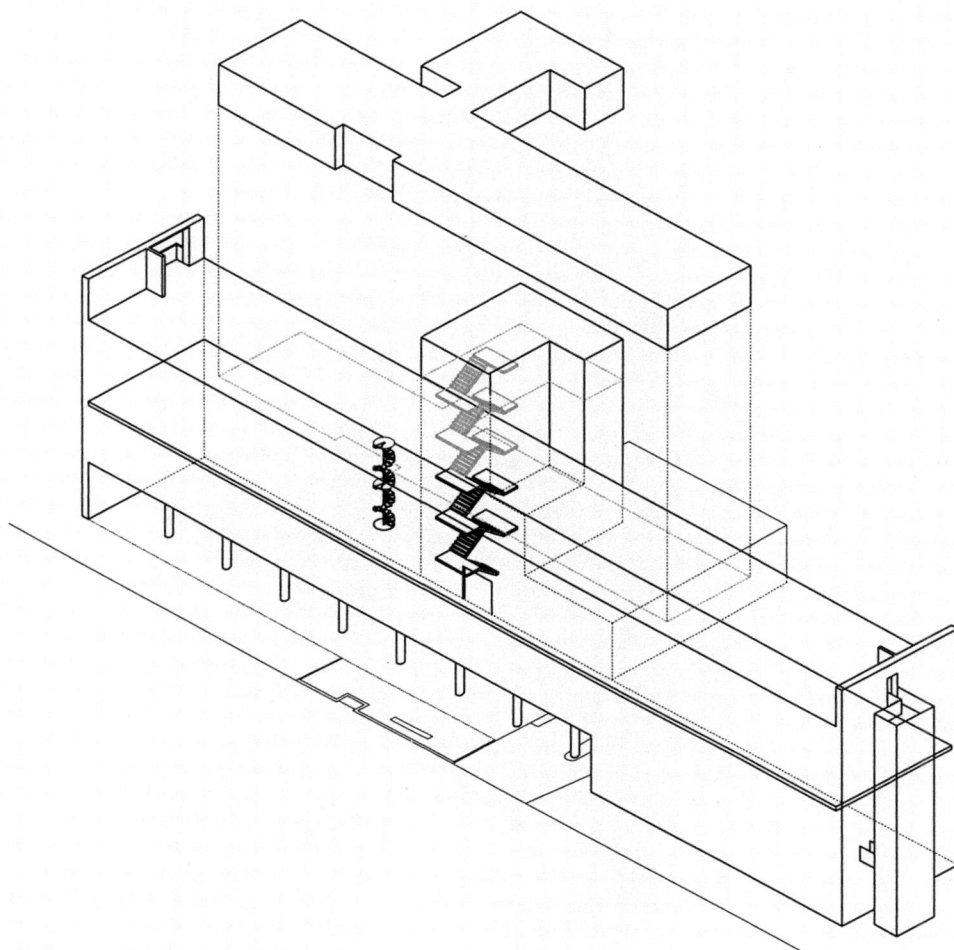

图7.14　表现杜瓦尔工厂（1946—1951）建筑漫步的轴测图。

图7.15 巴西大楼（1957—1959）门厅隔墙上的云。

巴西大楼，1957—1959

这栋位于巴黎大学城公园中的学生宿舍最初是由里奥建筑师卢西奥·科斯塔设计的，但是最终的方案，包括这里将要讨论的首层的布局是由勒·柯布西耶的员工的所做的。[11]巴西大楼[12]的入口就像是漂浮在水上或者是站在一个池塘中一样，设置在一块起伏的黑色石板上，随着模度的比例起伏——勒·柯布西耶称之为"最佳作品"（opus optimum）——从外到内几乎是无缝连接——因为在勒·柯布西耶的作品中"外界一直都是一种内在"。[13]读者一踏上这个起伏的表面就进入了叙事中。这是一部记录了勒·柯布西耶对巴西的体验的游记，一个关于地理和飞行的故事，就像他的朋友安东尼·德·圣艾修伯里的小说一样。[14]"一切在这里升起；岛屿穿过水面，山峰沉入其中，峰峦起伏。"[15]朱利亚纳·布鲁诺很好地抓住了景观所形成的动荡感与风景如画的公园之间的关系：

> 公园就像是一个储存感官愉悦的记忆的剧场，是能够让观察者与室内空间建立联系的室外的空间。当你穿过公园的时候，会感受到一种连续的动势把室外和室内的地貌联系在一起。因此原本是室外的公园变成了室内，但它又是内部世界在外部地貌的一种投射。在感官的运用中，外部的景观变成了内部的地图——我们内心的景观——因为这张内部的地图本身又从文化角度起着调动的作用。通过这种"移动"方式，我们慢慢接近了把看电影的体验转变成参观博物馆的感受的方式。[16]

她的话总是让人联想起了巴西大楼的体验，在那里外部和内部世界发生着激烈的碰撞。

开端

巴西大楼坐落在几条流线的交汇处，第一条是从大学城中心延伸过来的路，它在这里转到了建筑中，它的轨迹切开了前庭的空间（图7.16）。第二条是从上面的林荫大道过来的小路，拐向了导师公寓的大门（图7.17）。这两条路穿过了作为入口前奏的半圆形空间（图7.18）。从大学城中心慢慢走来，读者会以一种特殊的角度从建筑底下穿过。一个非常具有雕塑感的楼梯围合了这个空间（图7.19）粗糙的玻璃板给下面的空间投下了水一样的影子（图7.20）。它们正好出现在从沿街的粗糙表面向延伸到建筑内部的光滑的石板转变的地方，一起预示着一段关于水的叙事。

11　勒·柯布西耶，《勒·柯布西耶全集》（第6卷·1952—1957年）（苏黎世：建筑出版社，1985），第202页。首次出版于1957年。

12　最初的设计是由卢西奥·科斯塔提供的，但是有资料证明勒·柯布西耶起到了决定性的影响。参见桑托斯的塞西莉亚·罗多里格斯、西尔瓦佩雷拉的玛格丽特·坎波斯、西尔瓦佩雷拉的罗芒·韦里阿诺、西尔瓦的瓦斯科·卡尔代拉，勒·柯布西耶在巴西（圣保罗：Projecto Editora，1987），第244—301页。

13　勒·柯布西耶，《精确性》（剑桥，马萨诸塞：麻省理工学院，1991），第78页。原书名为Précisions sur un état présent de l'architecture et de l'urbanisme（巴黎：Crès，1930）。

14　参见安东尼·德·圣艾修伯里，《夜间飞行》（巴黎：加利玛尔出版社，1931）。

15　勒·柯布西耶，《精确性》，第2页。关于建筑和旅行的关系的讨论可以参见斯坦尼斯劳斯·冯·穆斯，《曲折之旅》，摘自斯坦尼斯劳斯·冯·穆斯和亚瑟·鲁格（编写），《勒·柯布西耶之前的勒·柯布西耶》，（耶鲁：纽黑文，2002），第23—53页。

16　朱利亚纳·布鲁诺，《公共的亲密感：建筑与视觉艺术》（剑桥，马萨诸塞：麻省理工学院，2007），第25页。

图7.16 从大学城中心到巴西大楼（1957—1959）的流线。

图7.17 转向巴西大楼（1957—1959）导师公寓入口的小路。

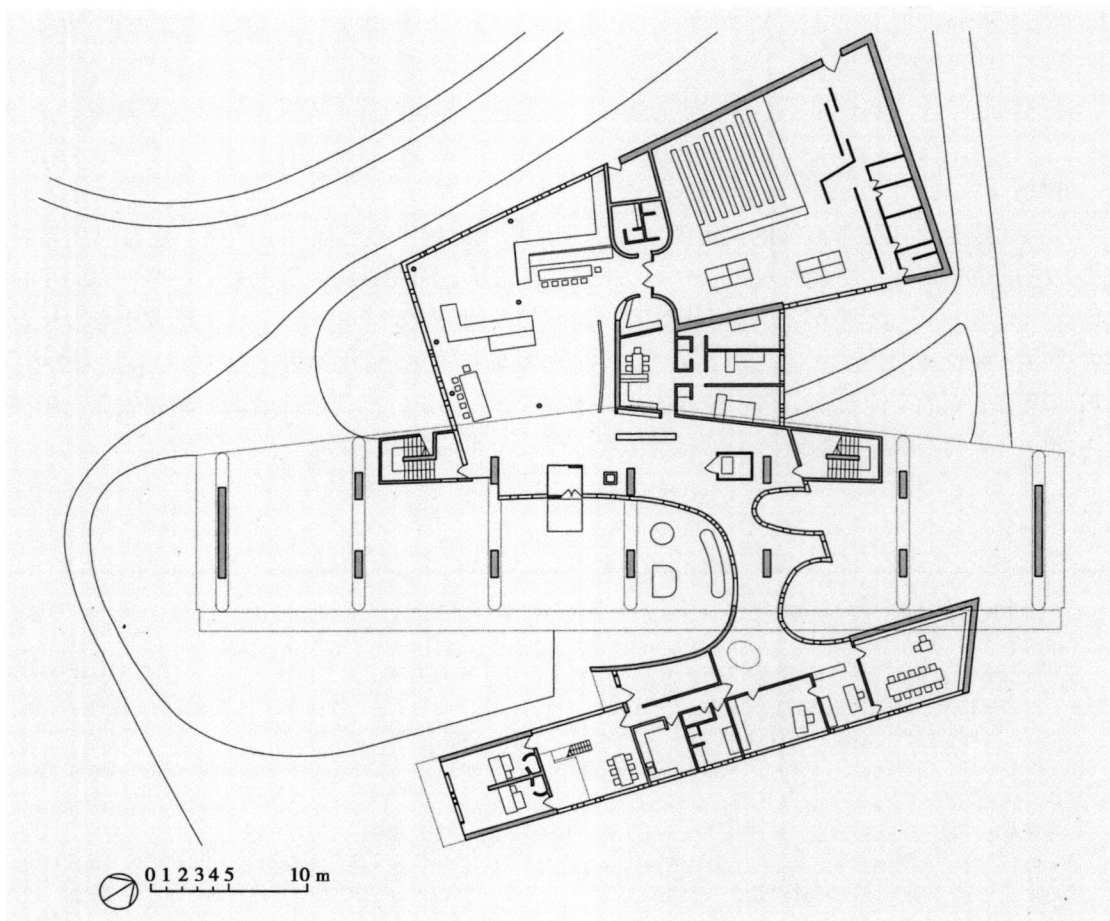

0 1 2 3 4 5   10 m

图7.18 巴西大楼（1957—1959）首层平面图。

图7.19　巴西大楼（1957—1959）的楼梯。

图7.20　巴西大楼（1957—1959）楼梯间的玻璃板。

让感觉变得敏锐的前厅

在《勒·柯布西耶全集》中比较早的平面里，标志着巴西大楼入口的小小的门厅用两片结束流线动力的墙体进行了着重强调。但是建成后，门厅只在它所在的绵延起伏的玻璃墙中占据了一个小角（图7.21和图7.22）。上面建筑的巨大体量在位于两根架空柱之间的入口投下了浓重的阴影。这让它有了某种权威性。从大量的设计草图中可以证实这一点。[17]门的正前方是一张金属格栅的地垫，本身正好是个正方体，看上去好像这个盒子具有防御功能的一侧变成了一座入口的活动吊桥，更加强化了读者在水面上行走的感觉（图7.23）。

立方体的墙面和顶棚都是用最普通的金属固定在一起的玻璃，与周围的混凝土结构形成一定的角度（图7.24）。它的尺寸是勒·柯布西耶喜欢的226cm×226cm，代表着一个陌生而透明的封闭世界，让读者停顿和思考。由三个勒·柯布西耶的符号组成的整体在玻璃立方体上摇摆，暗示着接下来的空间的意义——沐浴在阳光下的虚拟的水和岩石的景象，它们来自于勒·柯布西耶在南非旅行时留下的特殊记忆（图7.25），但是现在，我猜想，这个整体有了很大的不同，尽管它的暗示是类似的。用天然木材做成的第一个要素包围着门把手，它那褐色的样子让人联想到从上面可以看到的一个土堆，或者也可能是一片云（图7.26）。另外两个位于前厅的两侧，也用云进行了强调，但这里的云是酒红色的（图7.15）。受金属框架所限，它们本身没有和玻璃接触，但是这更好地表现了它们的漂浮状态。第一片红色的云用四个固定件牢牢地固定在玻璃上，第二片用三个——再次出现了数字7。

尽管在《直角之诗》中，云和土地是勒·柯布西耶的象征语言中类似的元素，但是门厅中纯正的红云还是会吓人一跳。用《直角之诗》中的话来说，红色是融合的、世俗的、性感的颜色。它与肉体、潜意识和本能、勒·柯布西耶用来笼统地描述巴西人的特性、他在到达他们的国家时感受到的喜悦的特质相关。

在勒·柯布西耶看来"建筑必须能够穿越和体验……在连续的建筑现实之中。"[18]在巴西大楼中，这个"运动法则"得到了"充分的开发"。它是根据读者可以时时利用并且实际上又会轻视的思想原则而建设的。在这个让人迷失方向的弧形舞台，读者的水平位置、人的视点都暂时变得不确定起来，取而代之是一个不同寻常的、稍纵即逝的鸟的视点，陆地和海洋——一个完全不同的"建筑现实"——当他或她经过门厅，打开进入大厅的门的时候，就又恢复到水平了。

17　勒·柯布西耶基金会（此后简称为FLC）12724和12725，摘自H·艾伦·布鲁克斯（编辑），《勒·柯布西耶档案，第28卷》（纽约：Garland，1983），第229页。此后简称为艾伦·布鲁克斯，《档案》。

18　勒·柯布西耶，《与学生的对话》（纽约：Orion，1961），第45页。原书名为Entretien avec les étudiants des écoles d'architecture（巴黎：Denoel，1943）。

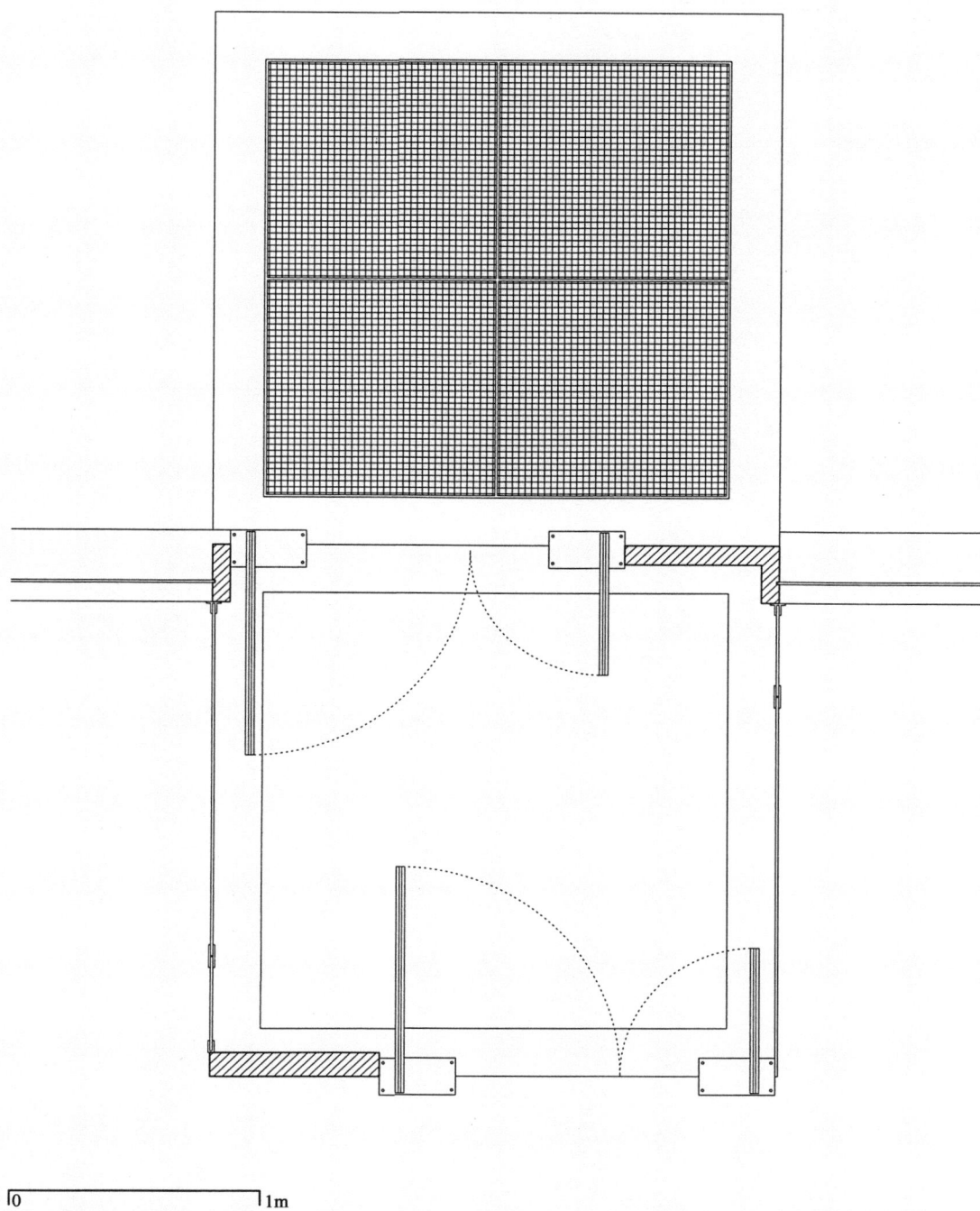

0   1m

图7.21 巴西大楼（1957—1959）入口门厅平面图。

图7.22 巴西大楼（1957—1959）入口。

图7.25　巴西大楼（1957—1959）门厅照片，摘自
《勒·柯布西耶全集》。

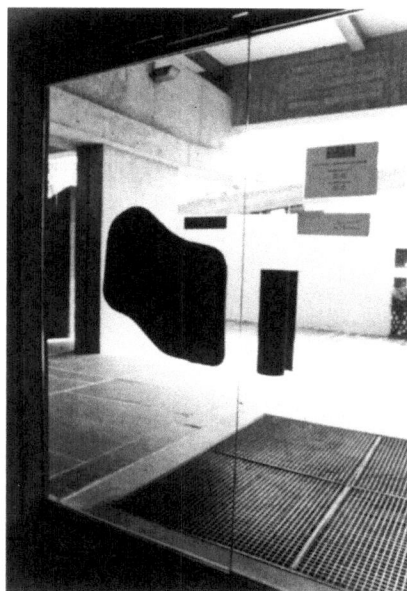

图7.26　巴西大楼（1957—1959）门厅
把手。

图7.23　巴西大楼（1957—1959）中像水一
样的地板。

图7.24　巴西大楼（1957—1959）入口的玻璃门厅。

……当你登上一架飞机，像鸟一样在整个海湾滑翔，所有的山峰都转换了方向，当你进入城市的亲密关系，当你挣脱重力的束缚，让双脚离开地面，用滑翔中的鸟的视野去看那些轻易隐藏的秘密，你就会看到所有的东西，理解所有的东西……

……当你在飞机上，一切变得清楚的时候，你看到地面上丘陵起伏、错综复杂；当你抓住你的热情时，所有的困难都会迎刃而解，你会感觉到灵感的涌现，你进入了城市的身体和内心，你在一定程度上理解了它的命运……

……但是当里奥的一切都处于假期中的时候，当一切显得如此宏伟和壮丽的时候，当你像鸟一样在城市上空长途飞行的时候，思想会在脑海中浮现。[19]

在这里，寻求清晰的飞行是漫步的核心。

"一天的秩序是非常复杂的——要把从下面看和从上面看的视点结合到一起"，与勒·柯布西耶同时代的勒内·吉耶雷这样写道。[20]勒·柯布西耶对空间游戏有着浓厚的兴趣。"试着把一张画倒过来或者侧过来看。你就会发现很好玩。"[21]垂直和水平——他个人哲学中处于核心位置的直角——被模糊掉了。柯林·罗花了很多精力记录勒·柯布西耶作品中的"错综复杂的认知"[22]，他在提到拉图雷特的时候这样写道："如果我们把地板看做水平的墙，那么就可以假设墙是垂直的楼板；当立面变成了平面而建筑变成了一个骰子的时候，勒·柯布西耶就可以满怀信心地处理他的教堂，而这种信心在某种程度上是可以解释的。"[23]这句话也可以用来描述巴西大楼门厅中的云。正如勒·柯布西耶所写的，如果"楼板……实际上是一面水平的墙"[24]，那么墙就是可以从垂直方向透过其看空间的玻璃楼板。正如圣艾修伯里对飞行途中的暴风雨的描述中所写的那样：

水平线？这儿没有水平线。我在堆满了各种布景的剧场一角。垂直、倾斜、水平，飞机上所有的几何形体都在旋转。在混乱的透视角度中所有横向的山谷都变成一团糟……在短短的一秒中，在像华尔兹一样旋转的景观中，飞行员已经无法区分垂直的山脉和水平的飞机。[25]

穿过门厅的通道形成了一种变形——"鸟的飞行，鸟的视野，不同寻常的征服感。和谐的命运。"[26]

质疑——理解居住

在第三章中我们看到勒·柯布西耶想要根据他对威尼斯的体验设计一座建筑。在巴西大楼中也发生了类似的情况，当叙事的第三步——质疑出现在首层的时候，我们忽然回想起了他关于里奥和

19　勒·柯布西耶，《精确性》，第235—236页。也可参见"从一架飞机上，你会理解很多别的事情"。勒·柯布西耶，《与学生的对话》（纽约：Orion，1961），第5页。

20　勒内·吉耶雷引自《感官的同步》，摘自谢尔盖·艾森斯坦，《电影感受》（伦敦：Faber and Faber，1977），第81页。首次出版于1943年。

21　勒·柯布西耶，《朗香教堂》（伦敦：建筑出版社，1957），第47页。

22　柯林·罗，《理想别墅中的数学》（剑桥，马萨诸塞：麻省理工学院，1976），第192页。

23　同上，第197页。

24　勒·柯布西耶，《走向新建筑》（伦敦：建筑出版社，1982），第172页。原书名为Vers une Architecture（巴黎：Crès，1923）。

25　安东尼·德·圣艾修伯里，《风、沙子和星星》（纽约：Reynal and Hitchcock，1941），第83页。引自艾森斯坦，《电影感受》，第83页。

26　勒·柯布西耶，《勒·柯布西耶全集》（第4卷.1938—1946年）（苏黎世：建筑出版社，1995），第71页。首次出版于1946年。

图7.27　巴西大楼（1957—1959）门厅中楼梯间。

图7.28　巴西大楼（1957—1959）报告厅。

那里的大海的特殊而愉快的记忆。"我在我的酒店前面游泳；我穿着浴袍坐着电梯回到我那个比海平面高出30米的房间；晚上我光着脚散步；一天中的每一分钟我都有朋友，几乎一直到太阳升起；早上七点，我已经在水里了。"[27]这个体验让他设想了一个巨大的城市规划方案，在他所谓的"海上推土机"里，汽车在屋顶的高度行走，与海形成了强烈的对比，里面还为人们提供必要的通往海滩的通道。[28]对于居住在海上推土机的居民来说，每天都可以拥有追寻清晰度和理解的飞行体验，他们的家"几乎就是滑翔的小鸟们的窝"。[29]

在建筑内部，门厅打断了分别位于平面两端的楼梯之间的对话（图7.27）。勒·柯布西耶通过门，从往相反方向前进的灵活空间中脱颖而出，从而给了它们某种存在感，这种手法是对罗歇大厦的呼应。在早期的门厅平面中，主门厅左侧的楼梯间非常显眼，但是实际上，根本没有把它的存在强加于空间之上。它没有像瑞士展览馆那样为了追求楼梯的品质而厚着脸皮吸引人的注意，这就意味着我们的注意力可以放在首层平面的游记之中，不会受到可能存在的垂直流线的干扰。

门厅前方和右侧低矮的弧形屏障围合了一个聚会空间，从那里可以到达报告厅（图7.28）。上面所提到的基地的离心力就在这里与来自报告厅的反向的力相遇了，结果就是在平面中心形成了一个空间漩涡（图7.29），从这里开始，读者要从三个方向中选择一个，是去报告厅、办公室，还是沿着楼梯往上走。

27　勒·柯布西耶，《精确性》，第234页。
28　同上，第239页。
29　同上，第244页。

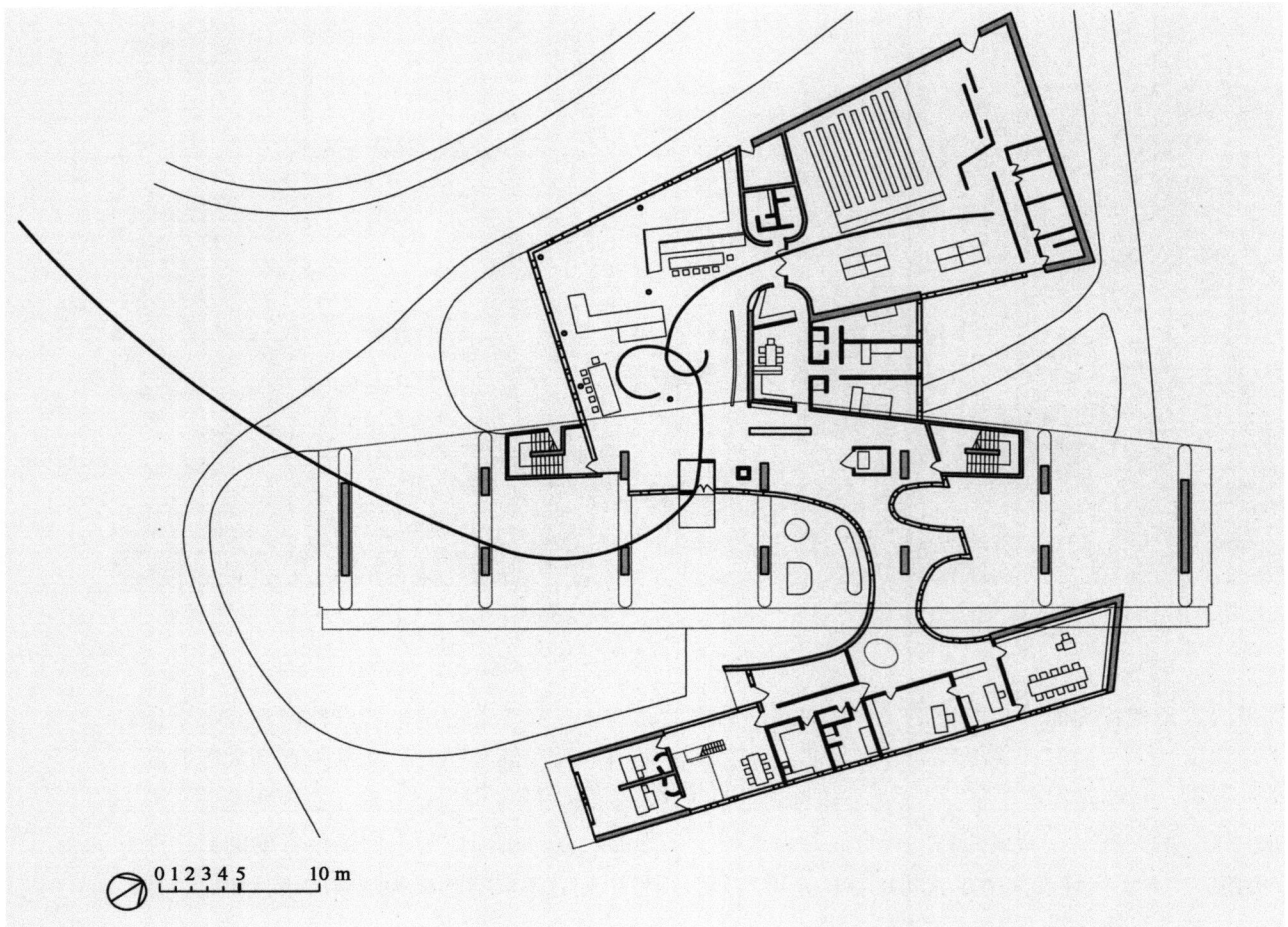

图7.29　表现巴西大楼（1957—1959）门厅中心螺旋形流线的分析图。

图7.30　巴西大楼（1957—1959）门厅顶棚的模板对空间离心力的形成作出了很大贡献。

图7.31　巴西大楼（1957—1959）导师公寓外面的等候空间。

　　前往报告厅的路线感觉就像直接从门厅衍生出来的一样。顶棚上沿着曲线摆动的混凝土模板的印记强化了这种感觉（图7.30）。同时这里还有一个从门厅通往报告厅的坡道，它改变了空间的透视关系，似乎把前进的速度加快了。

　　石材地板上的景观界定了一系列含蓄的空间和开端，读者必须从其中穿过，让首层的空间体验变得更加丰富。进入报告厅的门被设计成像机翼似的流线型，把对运动的阻碍降到了最低，再次让人联想到了飞的感觉。当它关闭的时候，门周围的玻璃板可以让空间毫无阻碍地流动起来。

　　门厅右侧的空间微微向下倾斜，暗示着它在整个空间体系中的地位稍低一些。它沿着前庭的弧线墙往下，一直转到导师公寓前面通过菱形天窗采光的等候区（图7.31）。另一个分枝是通往导师公寓的，在这里可以强烈地感受到狭窄的走廊上石材铺地向上的拉力。在走廊拓宽成起居室的地方，石板是垂直于主流线铺设的，让空间的流动暂停一下，形成一种平静和到达的感觉（图7.32）。

图7.32　进入巴西大楼（1957—1959）导师公寓起居室的走廊。

再定位

从上面体验到的地和水的叙事弥漫在整个首层平面中：一个岩石和水的地貌。在标高比较低的地方行走，慢慢地吸收勒·柯布西耶的建筑所带来的愉悦，信件架就像一栋迷你的建筑，只是它们的房间不是用混凝土而是用玻璃浇筑而成的（图7.33）。这是建筑中主要的定位点。它占据了两个楼梯之间的空间。实际上，形成三个分支的不是公寓，而是信件架。首先是一个作为首层平面的标志的混凝土基座。它的上面是半透明的架空柱，庇护着公共的首层平面，那里放满了各种盆栽植物和报纸。它们的上面是不多的存放各家信件和邮寄宣传品的玻璃格子。和上面的门厅类似的金属板把信件架连在了一起，形成了对话。这颗建筑中的"宝石"[30]自然而然成了空间的焦点，它像祭坛一样是从下面采光的，在上面凸起的混凝土顶棚上投下一条光带，暗示着某种不存在的东西。这是建筑的顶点，所有的流线都在这里消退，走向令人沮丧的永恒。

总结

在建筑的更高处，可以通过单个小间到达多个而不是单个的高潮点。穿过建筑的垂直流线以一种轻描淡写的方式作为另一条暗示的垂直流线穿过下面的楼层。楼梯的再定位特性和漫步的最后一步——上面沐浴在阳光中高潮——在这里得到了表现，并且被隐匿和取代。读者好像理所当然被留在了一种悬而未决的状态之中。

耶日·索尔坦回忆说，对于勒·柯布西耶而言，建筑的首层平面"代表着'新空间'、'空间连续性'的诗意和视觉期待，这是一个相对新颖的科学概念，而立体派从视觉上对其进行了补充。"[31]尽管巴西大楼是流动和开敞的——你可以随意走动——但是它的流线却是经过精心设计的，正是这一点让它显得如此与众不同。在巴西大楼的漫步过程中感受到的体量的叠加表现得非常微妙，甚至让人难以察觉，但是它们又是确确实实存在于这座建筑的体验中的。

30　这句话我应该感谢丹尼斯·莱唐，他在带我们参观的时候把它称为"我们的宝石"。
31　索尔坦，《与勒·柯布西耶一起工作》，摘自艾伦·布鲁克斯，《档案第十七卷》，第16页。

图7.33　巴西大楼（1957—1959）门厅中的信件架。

拉图雷特，1956—1959

拉图雷特修道院是成立于13世纪初的多明我会教义的再现。通过"定时观测"来修行是多明我会生活方式的核心，它要求严格控制对快乐和舒适的无尽欲望，把注意力集中在教会的使命上，在一个公共的环境下宣讲教义。[32]在第三章中，我提到了艾莉·福尔相信数字对控制人类的无节制起着重要的作用。我认为，这种驯养正是拉图雷特漫步中的关键。勒·柯布西耶的文章中透露了它隐藏的野心，它"包括仪式中基本的人的元素以及空间的尺度（房间和流线）。"[33]

勒·柯布西耶在《勒·柯布西耶全集》中收录了一种传统修道院的平面图（图7.34）。他稍微有点不诚实地指出，在像拉图雷特那样的坡地上是不可能建一座传统的修道院的。这种说法是错误的，因为在过去就已经有了建在各种地形上的修道院。[34]地形问题成了把某些程序去掉的借口，在它们之间创造张力的点，并且借此形成能够更好地让人联想到僧侣生活中的矛盾和艰辛的漫步。拉图雷特修道院里有一条回廊，但是又可以说没有回廊。从传统意义上来说，这个天堂般的花园是封闭的，教会建筑会环绕在它的周围，但是在这个项目中，回廊是开敞的，凹凸不平的山坡可以穿过建筑，破坏了上面的建筑形式所暗示的回廊的效果（图7.35）。"修道院就落在未开化的丛林和草地上，这些都是独立于建筑之外的。"[35]勒·柯布西耶从列阵的角度去谈这座处于天然环境中的建筑，好像它和居于其中的人拼命地要建立起隔绝它的屏障。

楼上是研究室、工作和娱乐的大厅以及图书馆。往下是僧人们的房间。再下面是食堂和通往教堂的十字形回廊。"然后就是抬着从左侧台地伸出来的女修道院的四栋房子的建筑，基地原来是没有台地的。"[36]有些支撑结构与树根有着惊人的相似，意味着建筑的圆顶地下室就像是被一棵它的根撕开的树，再次让人联想起它最初的自然环境（图7.36）。

32　www.curia.op.org/en/登录于2009年6月17日。
33　勒·柯布西耶，《勒·柯布西耶全集》（第6卷），第42页。
34　实际上他原来很推崇雅典卫城在复杂地形上的基座处理。勒·柯布西耶，《走向新建筑》，第43页。
35　勒·柯布西耶，《作品全集第七卷，1957—1965》，（苏黎世：建筑出版社，1995），第32页。首次出版于1965年。
36　勒·柯布西耶，《勒·柯布西耶全集》（第6卷），第42页。

图7.35　拉图雷特（1956—1959）。

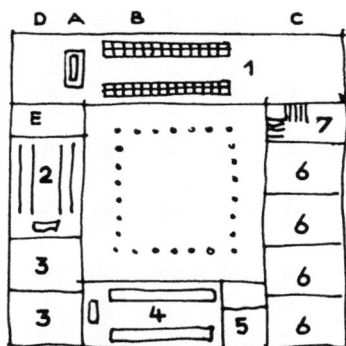

Plan traditionnel d'un couvent dominicain

图7.34　《勒·柯布西耶全集》中的多明我会修道院示意图。

图7.36　拉图雷特（1956—1959）像根一样的基座。

开端

从停车场沿着树木茂盛的小路往教堂走，首先能看到的是旁边修道院钢琴形的鞍形屋顶，罗称其为"对卫城材料非常私人的评论"（图7.37）。[37]教堂本身有两条边和两个入口：一个是供里面的僧人使用的，另一个是供外界的公众使用的。当读者来到教堂的一角时，就能看到强行插入其中的钟塔。从这里可以再次看到勒·柯布西耶对拟人手法的偏爱，这一点在朗香教堂中非常明显。教堂的山墙会让人联想到皮耶罗·德拉·弗朗西斯卡的《圣母的宽恕》（1462）中用斗篷罩着聚集在一起的教徒的女性（图7.38）或者是他作品中经常出现的蒙面女子，比如说《直角之诗》中的"迷宫"部分（图2.21），但是她被留在了继续前进的读者的身后。当他年轻时在阿陀斯山的时候，勒·柯布西耶几乎离不开女人——"因此东方什么都没有，只有它的女人是最基本的要素。"[38]在我看来，拉图雷特接下来的主题似乎放弃了肉体，变成了更具有精神和谐的人类的爱，它的困难性在入口的设计中有了进一步的表现。

从这栋建筑早期的模型中可以看到建筑东侧有一面沿着小径的墙，遮挡了进入内部回廊的视线。这就意味着读者在到达作为进入建筑的标志的入口之前，不得不走很长一段没什么可看的路，从而强化了对接下来要发生的事的期待（图7.39）。勒·柯布西耶的建筑经常会超出预算——拉图雷特的资金非常有限——可能正是出于这个原因，所以这面墙没有按原来的高度施工。它的缺席使得进入这栋建筑的路线中的视线设计比柯林·罗所谓的缺少"前奏"的设计更加混乱。如果按原先设想的那样建设，那么开放的入口就像会像勒·柯布西耶的很多建筑中那样嵌在一面整洁的水平墙面上，庇护着里面的空间。而从现状看，布局的确有点奇怪。

让感觉变得敏锐的前厅

地形的轮廓强化了开场入口的力量，从大体上来说，这意味着它成了跨在两种不同生存方式之间的桥（图7.40）。地板上一块清理鞋子的格栅只占据了门框一半的宽度，仿佛它在等待着排成一列纵队的僧人通过。和许多与僧人生活有关的空间一样——这个既开敞又隐蔽的地方就是建筑的前厅。这个从建筑阴影下伸出来的区域和它下面的空间一样，基本上呈方形（图7.41），纯粹的形式可以让空间比不规则的形式更具有权威性。看门人居住的五个极具仿生形态的房子占据了门厅的空间，和朗香教堂一样，弧形的墙面上刷着斑驳的水泥喷涂。正如在第三章中所提到的，数字5对应着五种感

37　柯林·罗，《拉图雷特》摘自《理想别墅中的数学》（剑桥，马萨诸塞：麻省理工学院，1976），第186页。

38　勒·柯布西耶，《东方之旅》（剑桥，马萨诸塞：麻省理工学院，1987），第206页。原书名为Le Voyage d'Orient（巴黎：Parenthèses，1887）。

图7.37　拉图雷特（1956—1959）教堂侧面，摘自《勒·柯布西耶全集》。

图7.38　皮耶罗·德拉·弗朗西斯卡（1416—1492），《圣母的宽恕》（中间细部），蛋彩画（C.1462）。城市画廊，圣塞波尔克罗，BEN—F—001167—0000。

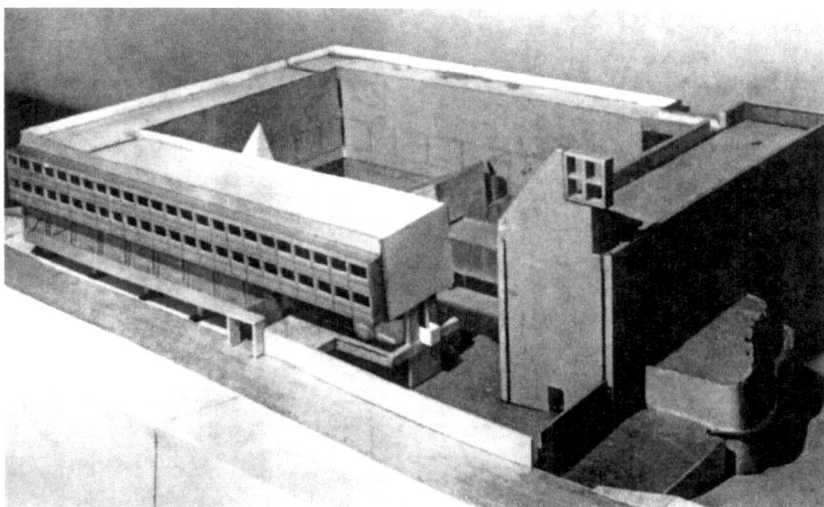

图7.39　表现墙体的拉图雷特（1956—1959）模型，摘自《勒·柯布西耶全集》。

图7.40 标志着拉图雷特（1956—1959）入口的开敞大门。

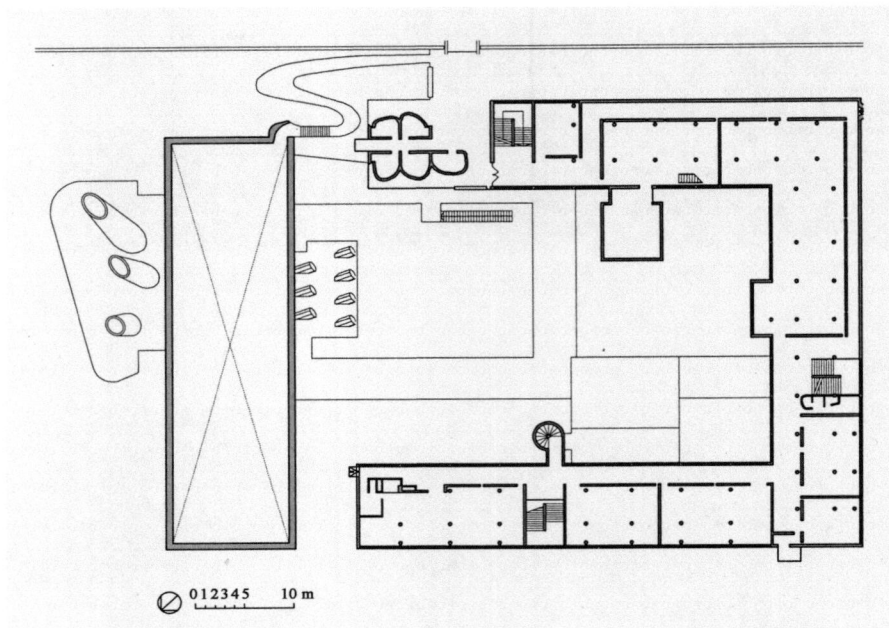

012345 10 m

图7.41 拉图雷特（1956—1959）入口层平面图。

图7.42 拉图雷特（1956—1959）入口的座椅。

图7.43 拉图雷特（1956—1959）入口座椅后面的陡坡。

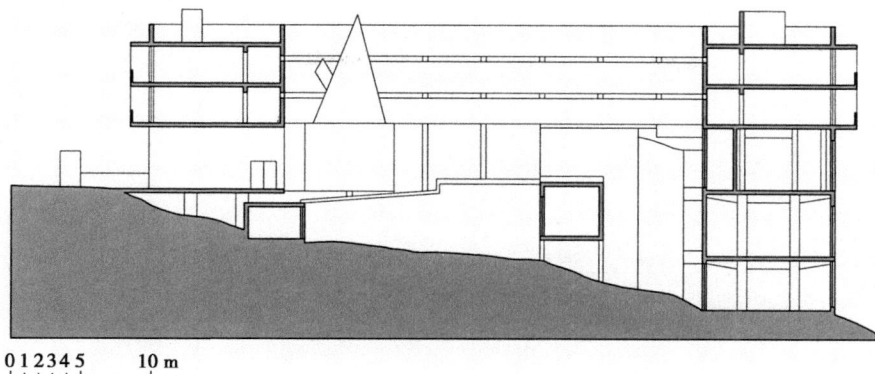

图7.44　拉图雷特（1956—1959）横剖面。

官。红色的窄缝给这些球形的房间带来了阳光，和前面所看到的案例分析一样，它对于勒·柯布西耶来说是肉体和融合的颜色。似乎拉图雷特前厅中让感觉变得敏锐的弧线是用拟人的手法表现更深层次的感官愉悦。

读者沿着桥的轴线从弧线转到弧线再到悬挑在下面的回廊上的座椅（图7.42），把杰弗里·贝克所谓的"视觉震撼技巧"发挥到了极致（图7.43）。[39]它的出现让读者想要停下来，通过深红色的修道院大门，对入口重生的暗示做出反应。坐在这把椅子上就会背对着回廊中的困难和危险，再看一眼外面的世界（图7.44）。在这里，罗看到了：

> 被留在那里的读者无法保持自己感受的延续性。他受到了相反的刺激：他的意识分裂了；他失去同时又得到了建筑的支持，为了摆脱窘境，他显得很焦虑，被迫——他没有别的选择——进入建筑。[40]

浓烈的红色让进入修道院的大门显得特别重要，但是它的细节上几乎没有任何东西暗示它的意义。实际上，在勒·柯布西耶的建筑词汇表中，没有比我所说的拉图雷特的主楼梯（仅仅是因为它出现在主要的门的后面——再没有别的细节显示它在所有楼梯中的突出地位了）更虎头蛇尾的时候了。从整体上看，几乎没有对楼梯的位置进行专门的调整，它们彼此间的距离是不等的。也没有根据平面中别的重要事件进行排列。勒·柯布西耶用这个办法颠覆了很多建筑师借识别性、良好的空间规划、经济性和愉悦感之名而常用的技巧——他对这些技巧简直是了如指掌。

质疑——理解居住

拉图雷特的建筑中没有明显的华丽装饰和仪式感，只有让人不断思考和反应的刺激。从小径层的主走廊可以到达祈祷室、图书馆和各种其他的公共房间。它有意识的从回廊的内侧转向了外侧然后再转回来。先可以看到内庭院，接着又不见了。为什么这么做的原因不得而知。

39　杰弗里·贝克，《勒·柯布西耶：形式分析》（伦敦：Taylor and Francis，2001），第307页。
40　柯林·罗，《拉图雷特》摘自《理想别墅中的数学》，第188页。

图7.45 拉图雷特中通往小单间的走廊，摘自《勒·柯布西耶全集》。

图7.46 从室内看拉图雷特（1956—1959）窗户的挡板。

和楼下僧人房间的楼层一样（图7.45），小径层的走廊也是个死胡同，尽头的窗户可能是用于通风或者采光的，它被挡板挡住了（图7.46），往外看的视线被挡住了，迫使读者掉头回来（图7.47）。说句公道话，看上去就像勒·柯布西耶想要在建筑中创造一条螺旋形的流线似的——有些地方可以感受到螺旋形的运动——但是它一启动就被破坏了。

主楼梯里的饰面很粗糙，和建筑的很多地方一样，让人不愿意去碰它。晚上，极度昏暗的人工照明形成了一种蒙昧的气氛。尼古拉斯·福克斯·韦伯写到了连接各层的楼梯"极具挑战性"。[41] 梯段很长，而且坡度极陡。踏步之间的空隙和踏板都让人很不舒服，得小心翼翼地往上爬，因为正如第二章中所描述的那样，勒·柯布西耶希望把注意力放在身体上。继续往前，两个梯段中间的墙的下面几层已经被侵蚀了，为垂直的荧光灯管提供了空间，从而形成了一种奇怪的氛围，好像楼梯就是由这根纤细的光柱所支撑的（图7.48）。

主楼梯一直延伸到了地下室的走廊（图7.49），这一层本身并没有什么特别之处。[42]它插到了去教堂下面的走道里，但是它并没有像原本很容易实现的那样沿着中庭布置。沿着另一条路线往上可以到达食堂、礼拜堂和中庭，相对于去往下面的教堂的走廊来说，这条路线显得次要一些，这个被兰尼斯·泽纳基斯设计的波浪形玻璃所包围的教堂我们曾在第二章中谈到过（图7.50）。它一直向下延伸到教堂的入口，给空间体验带来了起伏的节奏。

---

41 N·F·韦伯，《勒·柯布西耶的一生》（纽约：Knopf，2008），第729页。

42 这里有一条通往教堂下面的楼层的次流线，但是被各种构造手段压制，读者很难注意到它的存在。

图7.48　拉图雷特（1956—1959）
楼梯较低处的灯。

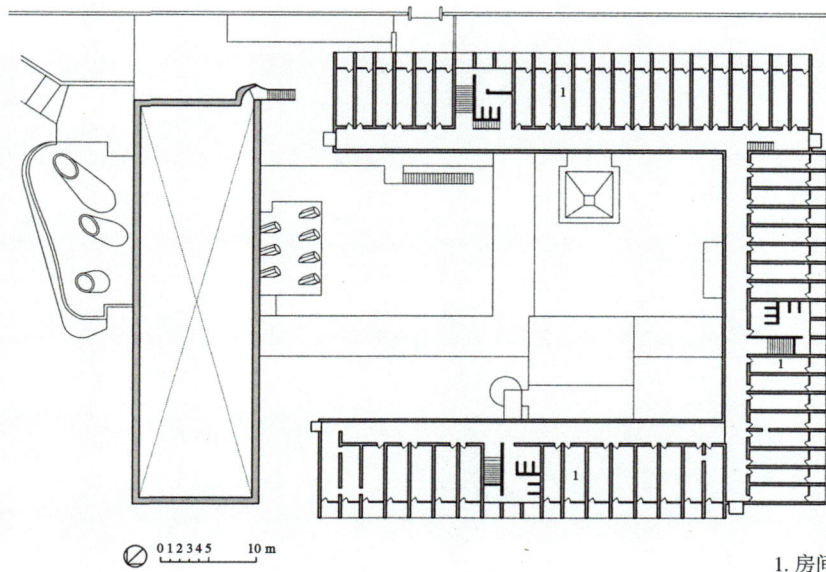

1. 房间

图7.47　拉图雷特（1956—1959）僧人房间层平面图。

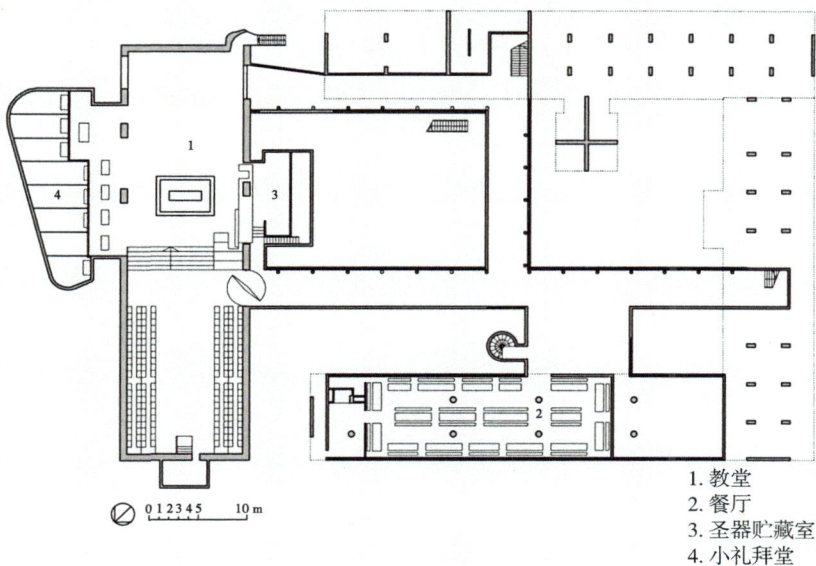

1. 教堂
2. 餐厅
3. 圣器贮藏室
4. 小礼拜堂

图7.49　拉图雷特（1956—1959）教堂层平面图。

图7.50 进入拉图雷特（1956—1959）教堂的波浪和门。

图7.51　拉图雷特（1956—1959）教堂的门把手。

图7.52　拉图雷特（1956—1959）教堂内置门的把手。

　　这条路被一扇令人生畏的青铜门挡住了。它的外侧被切割得像一块宝石——凸起的弧面拒绝让人进入。用铆钉钉牢的表面随着时间的流逝已经失去了光泽，看上去就像是一辆坦克或者其他战斗工具的侧面。通常勒·柯布西耶的门把手摸上去都是很舒服的，但是这个不是。一条竖向的窄缝里嵌着一块有棱有角的背板。关门的时候不得不抓着它锋利的边缘。抽象的形式和坚硬的几何形体根本不具备舒适的手感（图7.51）。要在走廊的尽头打开这扇巨大的青铜门需要花费很大的力气。即使打开门上那扇小门也很困难，因为它是实在太沉了，而且进去的时候还要跨过高高的门槛（图7.52）。

　　一旦进到里面，就会清楚地看到那里并没有一个激动人心的结论。通往教堂的走廊里除了旁边通往主祭坛的台阶外，简直就是空无一物（图7.53）。它把僧人生活的区域和教堂里的会众隔开了，后者在主要的小路上有他们自己的入口。教堂中僧人生活一侧的尽端还有另外一个祭坛，它在赋予这个空间重要性的同时又让这里充满了困惑。除此以外，极端的声学效果——超长的混响时间，声音不断地从深深的壁龛中反射回来——促使人去思考这个奇怪的空间的内涵。

图7.53 拉图雷特（1956—1959）教堂主祭坛。

和巴西大楼一样，地面装饰着勒·柯布西耶的最佳作品，意味着读者的脚步是根据模度序列来编排的。传统的多明我会礼拜仪式是以大量地使用身体姿势为特征的：鞠躬、下跪、俯卧、列队行进，所有这些都需要身体与所处建筑的接触。当一名多明我会的教士在拉图雷特中进行跪拜的时候，他的身体就会印上建筑的印记，而他也会被吸进统治着这栋建筑和它的环境的那个强烈的数学关系网中。

教堂僧人一侧尽端黑色的空洞让人特别好奇（图7.54）。它是一个嵌在墙上的方形，呼应着上面顶棚的几何形式，只不过那里是透光的。就好像从黑色的方形突出来的是肉体的X轴，与之垂直的是从屋顶上的洞中传来的精神的Y轴。我们所有的运动轨迹都是在这个网格里。勒·柯布西耶在描写朗香教堂时写道，要对"实际项目中上千个要素"进行连续调整，"就得把它们汇总到一起，将其紧密地连接起来——哪怕是用一个简单的正交十字，存在的符号和象征——上千个这样的要素，没有人会想去讨论它"。[43]这里的建筑空间暗示了直角。正如柯林·罗对拉图雷特的描写，那些"对设计程度的怀疑态度"和"有着把搜寻的游戏看做文字上的放纵倾向"的人真的有必要再看一次这栋建筑。[44]

---

43 勒·柯布西耶，《朗香教堂》，第6页。
44 柯林·罗，《理想别墅中的数学》，第189页。

图7.54　拉图雷特（1956—1959）教堂僧人一侧的景象。

图7.55　通往拉图雷特（1956—1959）楼上教堂的侧礼拜堂的路线。

图7.56　往下看拉图雷特教堂侧礼拜堂的视线被一面黄色
的墙挡住了。

　　教堂中有三个主要的光源。公共区墙上的窄缝、另一侧顶棚上的方形孔，以及嵌在通高的"钢
琴"空间中的彩色圆圈，它的外形就是读者在靠近山上的修道院时第一眼看到的东西。要到达这个
空间必须爬过很多台阶、越过主祭坛的一角才能来到这个隐蔽的地方（图7.55）。天窗给这个私密的空
间带来了令人愉悦的光线，那些光线诱惑着下面礼拜堂中的人来这里（图7.56）。但失败的是，似乎从
教堂里面根本无法到达这里。

　　我们不得不回去穿过教堂，退回到门外，经过隐蔽的门进入圣器收藏室才能找到往下的路。从
这里由一个小得出奇的楼梯穿过建筑最深处直到另一个礼拜堂，然后沿着一条地下走廊到达钢琴
形的侧礼拜堂。它无论在形式上还是与主教堂的关系上都与圣波美的洞穴中的礼拜堂有着惊人的相
似，那个洞穴在勒·柯布西耶的年代就已经存在，现在也还在那里（图7.57）。

　　钢琴形的鞍形空间中布置了拉图雷特的七个私人祭坛（图7.58）。它们沿着坡道上的台阶排列，但
是与我们所期待的不同，空间中并没有逐步到达的高潮（图7.59）。最上面的祭坛也许稍微高一些和宽
一些，但是并没有更多的光线。最低处的祭坛靠自己的力量赢得了某些重要性，但是却处于一个狭

图7.58　从拉图雷特（1956—1959）最底层的侧礼拜堂看地下入口的走廊。

图7.57　圣波美的抹大拉洞穴中的侧礼拜堂。

图7.59　往上看拉图雷特（1956—1959）最底层的侧礼拜堂。

图7.60 拉图雷特（1956—1959）侧礼拜堂的天窗。

窄昏暗的角落里。顶上的祭坛被刷成了象征肉体的红色而最下面的祭坛是象征精神的黄色，这也是与预料的不一样的。无论是最上面还是最下面的祭坛都没有占据主导地位。在这个局限性很大的空间中的动态平衡里，只有上面天窗中彩色的光圈才能给人以喘息的机会（图7.60）。在这里，勒·柯布西耶的戏剧之弧中的最后两个步骤：再定位和高潮，被刻意地省略了。留下来的只有一代代僧人在永恒的时间里反复地吟诵，它看似是个死胡同，却促使着精神之旅不断的深入。

总结

　　"女修道院的布局从最高点开始，然后按照功能的要求沿着山谷往下走"，勒·柯布西耶写道（图7.61）。[45]传统的建筑做法，包括勒·柯布西耶的建筑，是沿着向上的追寻路径进行展示。在诸如罗马的圣克莱蒙蒂教堂之类的早期基督教的地下墓穴是反过来的。勒·柯布西耶在基督教的根源中发现了很多与他自己对宗教的看法相一致的东西。实际上，往下挖到最深处才是最神圣的地方的竖向路线似乎与勒·柯布西耶自己的研究是呼应的，他的研究透过天主教的教义到达了某些更纯粹的东西。如果说勒·柯布西耶对创造雅各布之梯、天空和土地之间的联系以及他在垂直路线和精神之间建立的关系情有独钟，那么教堂路线中的高潮出现在尽可能低的标高上相对比较暗的角落就显得很奇怪。

　　在拉图雷特中，没有勒·柯布西耶的居住建筑中很常见的简单流线和明显的线索。和往常一样，他最初的直觉是要在光彩夺目的屋顶上创造一个戏剧化的漫步结局，但是接着他又进行了反思，限制了通往屋顶的通道，从而取消它在整个旅程中的作用。"我想你们都已经到过屋顶，并且见过它有多美了。它因为你看不到而显得美丽。你知道，跟我在一起总是会有悖论……天空和云彩带来的愉悦也许太简单了。"[46]相反，勒·柯布西耶用次流线来表现僧侣生活中内心的混乱和黑暗（他的浪漫主义思想在这里得到了充分的展现）。

　　和《直角之诗》一样，拉图雷特也是两条矛盾路线的产物。一条是下到地面上的凹槽里的痛苦而复杂的路线，另一条是前往屋顶的被禁止的、更具诱惑力的路线。对于罗来说，在这里"最伟大的建筑辩论家就是要满足建筑老手辩证的要求"，因此，在建筑布局中加入了不同寻常的张力。[47]

45　勒·柯布西耶，《勒·柯布西耶全集》（第7卷），第37页。
46　J·佩蒂特，《勒·柯布西耶的修道院》（巴黎：子夜出版社，1961），第28页。
47　柯林·罗，《理想别墅中的数学》，第194页。

结论

在本章中，我举例说明了建筑漫步中的基本叙事结构——萨伏伊别墅中表现得最为清晰——可以根据后来那些比较公共的项目的概念框架进行调整甚至删减。这一点在拉图雷特中表现得尤为清楚，它在表现僧人的痛苦生活的漫步中取消了通常的叙事，在巴西大楼中，读者被留在首层公共区水一般的复杂的地形中，去感受勒·柯布西耶无法在那里建房子的遗憾。在杜瓦尔工厂中向上的漫步与建筑中向下的生产流程背道而驰，用相反的流线来表现物质和精神的对比。

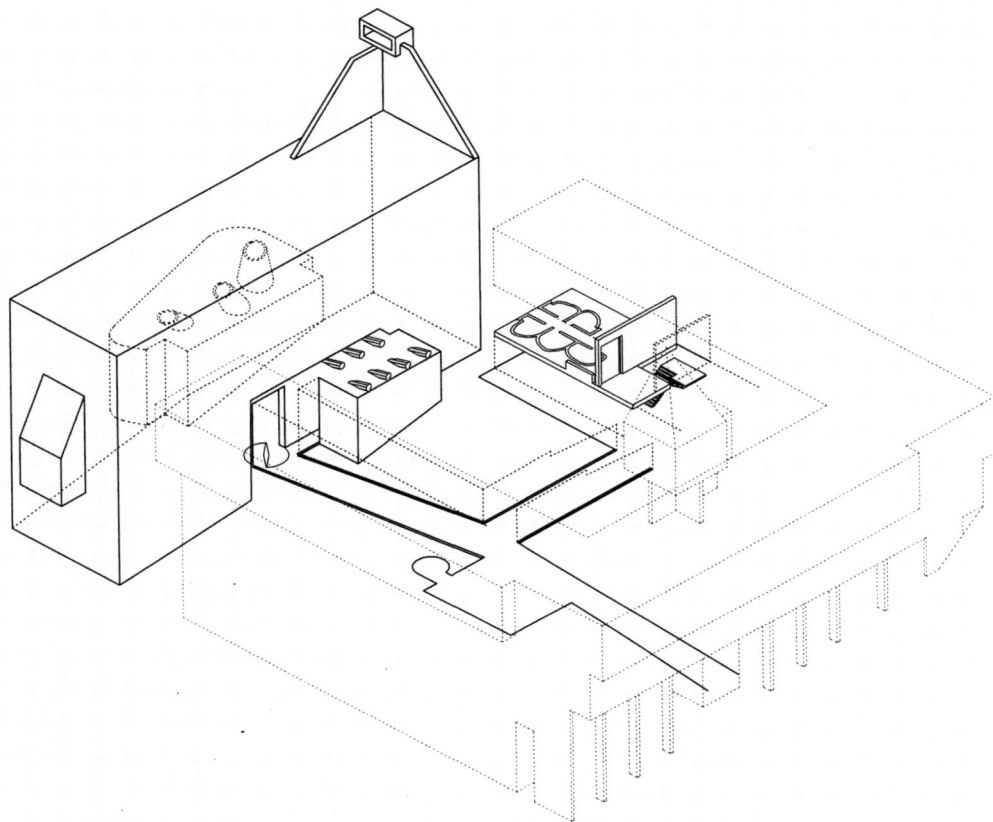

图7.61　拉图雷特（1956—1959）漫步元素轴测图。

结论

　　启发在勒·柯布西耶的建筑思想中占据着绝对中心的位置。所以建筑就成了传递他的救赎信息的主要手段，漫步是专门为转换既定的神谱而设计的。勒·柯布西耶以特有的无礼方式把他自己称作"幸福的建筑师"。他的建筑能够起到某种"死亡警告"的作用，促使读者善用留在世上的时间——理解居住。在我看来，他对时间通道的创造似乎是从环境和社会的角度对建筑所做出反应的根本所在——这是充满可能意味的勒·柯布西耶的建筑中的一个方面。

　　对漫步要素的体验从来都不是割裂的，它们总是会形成更宏大的叙事中的一个部分。每一个分立的要素都是为了促进与建筑及其内涵的联系而设计的。会用一系列的操控技巧来影响它的进程。肉体在这个过程中起着至关重要的作用，给行为和态度带来深刻的影响。同时，精心界定的洞口和元素的布局会让读者重新对建筑的空间可能性和时间复杂性变得敏感。最后，通过使用他所谓的"编组的技巧"，勒·柯布西耶把物体和体验整理成一个统一的叙事，让它在建筑的不同层面对读者产生影响。

　　建筑中的经验路径的真正本质是很难确定和讨论的，这就意味着它很少在建筑评论家那里得到应有的重视。但是可以用别的原则来应对方法论的挑战，以简单明了的方式来理解声音和图像的序列。弗赖塔格的戏剧之弧为说明这种如何用修辞手法描述统一的叙事的方法提供了一种有力的媒介，这种统一的叙事感觉是令人满意的、完整的，而且包含了一个好故事所需要的所有元素。通过用词上的稍许调整，就能用到勒·柯布西耶的建筑中了。经典的雅各布之梯漫步类型，比如说萨伏伊别墅，大体上都符合勒·柯布西耶叙事方式中的五个步骤——开端、敏感化、质疑、再定位和高潮。用三个步骤把漫步分解成它的组成要素，意味着可以看到模式，这些模式在别的建筑中可以创造性发挥或者运用。而我的方法也许有点过度的简化，它揭示了雅各布之梯的路线被扭曲和控制了，尤其是在后期的作品中，从而表现对现实比较阴暗的一个看法。

　　在勒·柯布西耶早期的方案中，他的空间游戏还不是那么自然，叙事的步骤也很容易界定。然而，随着他的技巧和知识的提高，他的建筑变得非常微妙，不再是平面化的，而是更具有体量感了。正是勒·柯布西耶建筑中体量的叠加让他的作品显得极具吸引力。尤哈尼·帕拉斯玛认为"建筑的品质似乎从根本上取决于包裹空间主题的周边景象的特质。"[1]而且"只能在焦点视野外围体验到的前意识的认知领域，似乎和焦点图形有着同样的重要性。"[2]这就是叠加扎根的地方。

也许有人会说漫步的要素是或者应该是所有建筑的基本组成部分。所有的建筑都应该勾起人的欲望，具有一个功能的核心和令人兴奋的高潮。在某种程度上，这是所有故事的原型。正是这种思想把拉图雷特中原本就已经很反常的流线变得更加令人困惑。在他生命的尽头，饱受职业生涯中的挫折之苦的勒·柯布西耶创作了威尼斯医院，一个可以在功能空间上不断延伸的网络结构，这个作品从很多方面解说和反映了他之前的作品。虽然一个像威尼斯医院的病区那样的统一的细胞空间看上去像是与雅各布之梯的等级序列背道而驰的，但是它也代表了一种原创的形式，只不过这回是对普遍形式、所有的矩阵的一个去个性化的、不具形体的、数学的体验，因为它只适用于对自己的迫在眉睫的死亡、最终的开始、"我们每一个人的出口"[3]有着清醒认识的建筑师。

勒·柯布西耶把一个充满活力和能量的世界与暗示联系在了一起，在那个世界里，所有的东西都能达到某种统一的状态。[4]他的目的是要用尽一切办法让别人看到这个世界的可能性。于是这就成了漫步这个对生命之旅的隐喻的目标，以与宇宙的统一为结束。尽管相信这些他不相信的东西，饱受他一生作品的忧虑之折磨，他想要创造秩序的愿望在某种程度上来说是没有意义的。正是那些通过漫步的侵蚀表现出来的遭受怀疑之苦的时刻，让他的作品获取了最伟大的力量。这才是漫步更深刻的意义所在。最有意义的正是你的看法。

1 尤哈尼·帕拉斯玛，《皮肤之眼》（伦敦：Wiley，2005），第13页。
2 同上。
3 皮埃尔·若弗鲁瓦，"为什么越伟大的建筑越难受欢迎？"《巴黎竞赛》，1965年9月11日。引自N·F·韦伯，《勒·柯布西耶的一生》（纽约：Knopf，2008），第20页。
4 弗洛拉·塞缪尔，《勒·柯布西耶，德日进神父和人类中心论：现代主义心中的精神思想》，《法国文化研究》，11,2（2000），第181—200页。

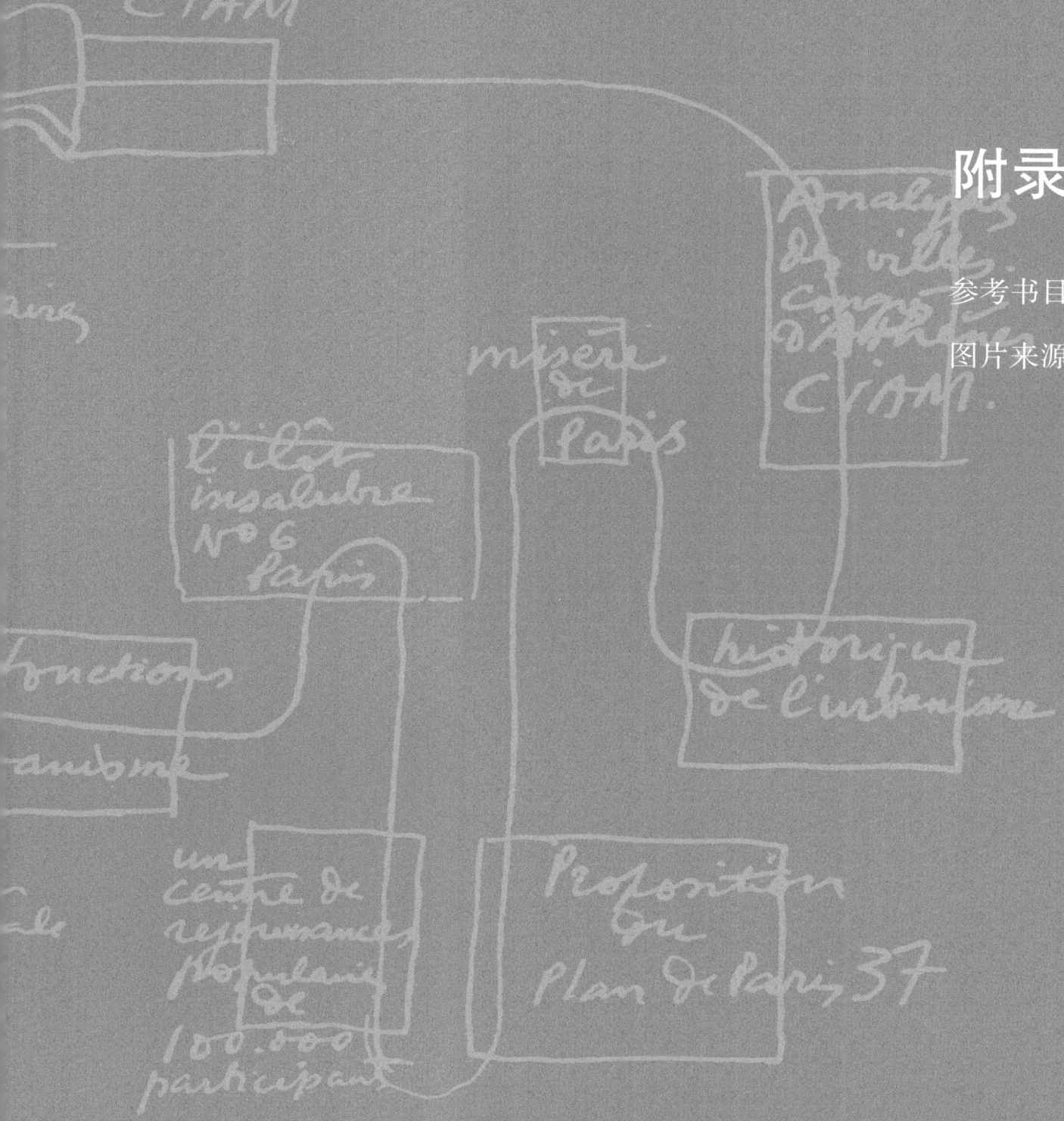

附录

参考书目

图片来源

参考书目

Allen Brookes, H. (ed.), *The Le Corbusier Archive*, Volumes I–VII (New York: Garland, 1983).

Aristotle, *Poetics* (c.4bc), trans. Malcolm Heath (London: Penguin, 1996).

Arnold, D. and J. Sofaer, *Biographies and Space: Placing the Subject in Art and Architecture* (London: Routledge, 2008).

Baker, G., *Le Corbusier: An Analysis of Form* (London: Taylor and Francis, 2001).

Ballantyne, A., "Living the Romantic Landscape" in D. Arnold and J. Sofaer, *Biographies and Space: Placing the Subject in Art and Architecture* (London: Routledge, 2008).

Baltanás, J., *Walking through Le Corbusier: A Tour of his Masterworks* (London: Thames and Hudson, 2005).

Benton, T., "Villa Savoye and the Architects' Practice" in Allen Brookes, H. (ed.), *The Le Corbusier Archive, Volume* VII (New York: Garland, 1983), p.ix–xxii.

Benton, T. (ed.), *Le Corbusier: Architect of the Century* (London: Arts Council, 1987).

Benton, T., *The Villas of Le Corbusier 1920–1930* (London: Yale, 1987).

Benton, T., "The petite maison de weekend and the Parisian suburbs", in Mohsen Mostafavi (ed.), *Le Corbusier and the architecture of reinvention* (London: AA Publishing, 2003), pp.118–139.

Benton, T., *Le Corbusier conférencier* (Paris: Moniteur, 2007). Published in English as *The Rhetoric of Modernism: Le Corbusier as a Lecturer* (Basel, Boston, Berlin: Birkhäuser, 2009).

Benton, T., "Review Article: New Books on Le Corbusier", *The Journal of Design History*, 22, 3 (2009), pp.271–284.

Birksted, J.K., *Le Corbusier and the Occult* (Cambridge MA: MIT, 2009).

Branigan, E., *Narrative Comprehension and Film* (London: Routledge, 1992).

Breton, A., *Arcane 17* (Paris: Jean-Jacques Pauvert, 1971), p.66. Originally published in 1947.

Bruno, G., *Atlas of Emotion: Journeys in Art, Architecture and Film* (New York: Verso, 2007).

Bruno, G., *Public Intimacy: Architecture and the Visual Arts* (Cambridge MA: MIT, 2007).

Buchanan, S. (ed.), *The Portable Plato* (Harmondsworth: Penguin, 1997).

Burns, C.J. and Kahn, A., *Site Matters: Design Concepts, Histories and Strategies* (London: Routledge, 2005).

Carl, P., "Le Corbusier's Penthouse in Paris: 24 Rue Nungesser et Coli", *Daidalos*, 28 (1988), pp.65–75.

Carl, P., "The godless temple, organon of the infinite", *The Journal of Architecture*, 10, 1 (2005), pp.63–90.

Choisy., A., *Histoire de L'Architecture* (Paris: Edouard Rouveyre, 1899).

Cohen, J.L., *Le Corbusier and the Mystique of the USSR*, trans. Kenneth Hylton (Princeton: Princeton University Press, 1992).

Cohen, J.L, "Exhibitionist Revisionism: Exposing Architectural History", *The Journal of the Society of Architectural Historians*, 58, 3 (1999), pp.316–325.

Cohen, J.L., "Introduction" in Le Corbusier, *Towards an Architecture* (London: Frances Lincoln, 2007).

Coll, J., "Le Corbusier. Taureaux: An Analysis of the thinking process in the last series of Le Corbusier's Plastic work", *Art History*, 18, 4 (1995), pp.537–568.

Coll, J., "Structure and Play in Le Corbusier's Art Works", *AA Files*, 31 (1996), pp.3–15.

Colli, L.M., "Le Corbusier e il colore; I Claviers Salubra", *Storia dell'arte*, 43 (1981), pp.271–291.

Colli, L.M., "La couleur qui cache, la couleur qui signale: l'ordonnance et la crainte dans la poétique corbuséenne des couleurs" in *Le Corbusier et La Couleur* (Paris: Fondation Le Corbusier, 1992), pp.21–34.

Curtis, W., *Le Corbusier: Ideas and Forms* (Oxford: Phaidon, 1986).

De Smet, C., *Le Corbusier, Architect of Books* (Baden: Lars Müller, 2005).

Devoucoux du Buysson, P., *Le Guide du Pèlerin à la grotte de sainte Marie Madeleine* (La Sainte Baume: La Fraternité Sainte Marie Madeleine, 1998).

Dixon Hunt, J., *Gardens and the Picturesque* (Cambridge MA, MIT, 1992).

Duffy, E., *The Speed Handbook: Velocity, Pleasure, Modernism* (Duke University Press, 2009).

Eisenstein, S., *The Film Sense* (London: Faber and Faber, 1977). First published in 1943.

Eisenstein, S., Bois, Y.-A., Glenny, M., "Montage and Architecture" (c.1937), *Assemblage*, 10 (1989), pp.111–131.

Eliel, C.S. (ed.), *L'Esprit Nouveau, Purism in Paris, 1918–1925* (Los Angeles: LACMA, 2001), p.25.

Emmons, P., "Intimate Circulations: Representing Flow in House and City", *AA Files*, 51 (2005), pp.48–57.

Evans, A.B., *Jean Cocteau and his films of Orphic Identity* (London: Associated University Press, 1977).

Faure, E., "La ville radieuse", *L'Architecture d'aujourd'hui*, 11 (1935), pp.1–2.

Faure, E., *Fonction du Cinéma: de la cinéplastique à son destin social* (Paris: Editions Gonthier, 1995). Originally published in 1953.

Forty, A., *Words and Buildings* (London: Thames and Hudson, 2000).

Freese, J.H., *Aristotle, The Art of Rhetoric* (London: Loeb Classic Library, 1926).

Gans, D., *The Le Corbusier Guide* (New York: Princeton Architectural Press, 2006).

Gere, C., *Art, Time and Technology* (Oxford: Berg, 2006).

Ghyka, M., *Nombre d'or: rites et rhythmes Pythagoriciens dans le development de la civilisation Occidental* (Paris: Gallimard, 1931).

Gothein, M.L., *A History of Garden Art, Volume 1* (London: Dent, 1928).

Grandidier, D., *Le Corbusier et St. Dié* (St Dié: Musée Municipal, 1987).

Gregory: D., *Geographical Imaginations* (London: Wiley, 1994).

Guthrie, W.K.C., *Orpheus and Greek Religion* (London: Methuen, 1935).

Heer, J. de, *Polychromy in the Purist Architecture of Le Corbusier* (Rotterdam: 010, 2009).

Hicken, A., *Apollinaire, Cubism and Orphism* (Aldershot: Ashgate, 2002).

Holm, L., *Brunelleschi, Lacan and Le Corbusier* (London: Routledge, 2009).

Hussey, C., *The Picturesque: Studies in a Point of View* (London and New York, 1929).

Ingersoll, R., *A Marriage of Contours* (New York: Princeton Architectural Press, 1990).

Jencks, C., *Le Corbusier and the Continual Revolution in Architecture* (New York: Monacelli Press, 2000).

Jenger, J., *Le Corbusier: Choix de Lettres* (Basel, Boston, Berlin: Birkhäuser, 2002).

Klonk, C., *Spaces of Experience: Art Gallery Interiors from 1800–2000* (London: Yale, 2009).

Krustrup, M., "Poème de l'Angle Droit", *Arkitekten*, 92 (1990), pp.422–432.

Krustrup, M., *Porte Email* (Copenhagen: Arkitektens Forlag, 1991).

Krustrup, M., "The Women of Algiers", *Skala,* 24/25 (1991), pp.36–41.

Krustrup, M., "Persona" in Krustrup, M. (ed.), *Le Corbusier, Painter and Architect* (Nordjyllands: Arkitekturtidsskrift, 1995).

Le Corbusier, *Towards a New Architecture* (London: Architectural Press, 1982). Originally published as *Vers une Architecture* (Paris: Crès, 1923).

Le Corbusier, *The City of Tomorrow* (London: Architectural Press, 1946). French edition: *Urbanisme* (Paris: Editions Arthaud, 1980). Originally published in 1925.

Le Corbusier, *The Decorative Art of Today* (London: Architectural Press, 1987). Originally published as *L'Art décoratif d'aujourd'hui* (Paris: Crès, 1925).

Le Corbusier, *Une Maison – un palais. A la recherche d'une unité architecturale* (Paris: Crès, 1928).

Le Corbusier, *Precisions on the Present State of Architecture and City Planning* (Cambridge MA: MIT, 1991). Originally published as *Précisions sur un état présent de l'architecture et de l'urbanisme* (Paris: Crès, 1930).

Le Corbusier and Jeanneret, P., *Œuvre Complète Volume 2, 1929–34* (Zurich: Les Editions d'Architecture, 1995). Originally published in 1935.

Le Corbusier, *The Radiant City* (London, Faber, 1967). Originally published as *La Ville Radieuse* (Paris: Editions de l'Architecture d'Aujourd'hui, 1935).

Le Corbusier and Jeanneret, P., *Œuvre Complète Volume 1, 1910–1929* (Zurich: Girsberger, 1943). Originally published in 1937, new edition: Zurich: Les Editions d'Architecture, 1995.

Le Corbusier, *When the Cathedrals were White: A Journey to the Country of the Timid People* (New York: Reynal and Hitchcock, 1947). Originally published as *Quand les cathédrales étaient blanches* (Paris: Plon, 1937).

Le Corbusier and Jeanneret, P., *Œuvre Complète Volume 3, 1934–38* (Zurich: Les Editions Girsberger, 1945). Originally published in 1938, new edition: Zurich: Les Editions d'Architecture, 1995.

Le Corbusier, *Talks with Students* (New York: Orion, 1961). Originally published as *Entretien avec les étudiants des écoles d'architecture* (Paris: Denoel, 1943), new edition: New York: Princeton Architectural Press, 2003.

Le Corbusier, *Œuvre Complète Volume 4, 1938–1946* (Zurich: Les Editions d'Architecture, 1995). Originally published in 1946.

Le Corbusier, *A New World of Space* (New York: Reynal Hitchcock, 1948).

Le Corbusier, "Le Théatre Spontané" in André Villiers (ed.), *Architecture et Dramaturgie* (Paris: Editions d'Aujourd'hui, 1980). Originally published in 1950.

Le Corbusier, *Poésie sur Alger* (Paris: Editions Connivances, 1989). Originally published in 1950.

Le Corbusier, *Modulor* (London: Faber, 1954). Originally published as *Le Modulor* (Paris: Editions d'Architecture d'Aujourd'hui, 1950).

Le Corbusier, *The Marseilles Block* (London: Harvill, 1953). Originally published as *L'Unité d'habitation de Marseille* (Mulhouse: Editions Le Point, 1950).

Le Corbusier, *Œuvre Complète Volume 5, 1946–1952* (Zurich: Les Editions d'Architecture, 1973). Originally published in 1953.

Le Corbusier, *Une Petite Maison* (Zurich: Les Editions d'Architecture, 1993). Originally published in 1954.

Le Corbusier, *Le Poème de l'angle droit* (Paris: Editions Connivance, 1989). Originally published in 1955.

Le Corbusier, *Modulor 2* (London: Faber, 1955). Originally published as *Le Modulor II* (Paris: Editions d'Architecture d'Aujourd'hui, 1955).

Le Corbusier, *Œuvre Complète Volume 6, 1952–1957* (Zurich: Les Editions d'Architecture, 1985). Originally published in 1957.

Le Corbusier, *The Chapel at Ronchamp* (London: Architectural Press, 1957).

Le Corbusier, *Le Poème Electronique* (Paris: Les Cahiers Forces Vives aux Editions de Minuit, 1958).

Le Corbusier, *Œuvre Complète Volume 7, 1957–1965* (Zurich: Les Editions d'Architecture, 1995). Originally published in 1965.

Le Corbusier, *Journey to the East* (Cambridge MA: MIT, 1987). Originally published as *Le Voyage d'Orient* (Paris: Parenthèses, 1887).

Le Corbusier, *The Final Testament of Père Corbu: a Translation and Interpretation of Mise au Point by Ivan Zaknic* (New Haven: Yale University Press, 1997). Originally published as *Mise au Point* (Paris: Editions Forces-Vives, 1966).

Le Corbusier, *The Nursery Schools* (New York: Orion, 1968).

Le Corbusier, *Sketchbooks Volume 1* (London: Thames and Hudson, 1981).

Le Corbusier, *Sketchbooks Volume 2* (London: Thames and Hudson, 1981).

Le Corbusier, *Sketchbooks Volume 3, 1954–1957* (Cambridge MA: MIT, 1982).

Le Corbusier, *Sketchbooks Volume 4, 1957–1964* (Cambridge MA: MIT, 1982).

Le Corbusier Plans, Echelle 1, Fondation Le Corbusier DVD, 2006.

Lee, P., *Chronophobia: On Time in the Art of the 1960s* (Cambridge MA: MIT, 2004).

Lowman, J., "Le Corbusier 1900–1925: The Years of Transition". Unpublished PhD thesis, University of London (1979).

Mâle, E., *The Gothic Image* (London: Fontana, 1961). Originally published as *L'Art Religieux du XIII° en France* (Paris: Armand Colin, 1910).

Mâle, E., *Religious Art in France: the Twelfth Century* (Princeton: Bollingen, 1973). Originally published as *L'Art religieux du XIIe siècle en France. Etude sur l'origine de l'iconographie du Moyen Age* (Paris: Armand Colin, 1922).

Maniaque, C., *Le Corbusier and the Maisons Jaoul* (New York: Princeton University Press, 2009). Originally published as *Le Corbusier et les Maisons Jaoul* (Paris: Picard, 2005).

McLeod, M., "Urbanism and Utopia: Le Corbusier from Regional Syndicalism to Vichy", PhD thesis, Princeton (1985).

Menin, S. and Samuel, F., *Nature and Space: Aalto and Le Corbusier* (London: Routledge, 2003).

Miller, F.P., Vendome, A.F., McBrewster, J., *Iannis Xenakis* (Mauritius: Alphascript, 2009).

Moles, A., *Histoire des Charpentiers* (Paris: Librairie Gründ, 1949).

Montalte, L. (E. Trouin pseud.), *Fallait-il Bâtir Le Mont-Saint-Michel?* (St Zachaire: Montalte, 1979).

Moore, R.A., "Alchemical and Mythical themes in the Poem of the Right angle 1947–65", *Oppositions* 19/20, (winter/spring 1980), pp.110–139.

Neumann, D., *Film Architecture* (London: Prestel Verlag, 1999).

Odgers, J., Samuel, F., Sharr, A., *Primitive: Original Matters in Architecture* (London: Routledge, 2007).

Ozenfant, A. and Jeanneret, C.E., "After Cubism" in Eliel, C.S. (ed.), *L'Esprit Nouveau: Purism in Paris* (New York: Harry N. Abrams, 2001).

Pallasmaa, J., *Eyes of the Skin* (London: Wiley, 2005).

Pearson, C.E.M., "Integrations of Art and Architecture in the Work of Le Corbusier. Theory and Practice from Ornamentalism to the 'Synthesis of the Major Arts'". PhD Thesis, Stanford University (1995).

Petit, J., *Un Couvent de Le Corbusier* (Paris: Les Editions de Minuit, 1961).

Petit, J., *Le Corbusier Lui-même* (Paris: Forces Vives, 1970).

Pico della Mirandola, G., *On the Dignity of Man* (Indianapolis: Hackett, 1998). Originally written in 1486.

Provensal, H., *L'Art de Demain* (Paris: Perrin, 1904).

Quetglas, J., *Le Corbusier, Pierre Jeanneret: Villa Savoye 'Les Heures Claires' 1928–1963* (Madrid: Rueda, 2004).

Rabelais, F., *Œuvres Complètes* (Paris: Gallimard, 1951).

Réau, L., *Iconographie de l'art Chrétien Volume 1* (Paris: Presses Universitaires de France, 1955).

Réau, L., *Iconographie de l'art Chrétien Volume 2* (Paris: Presses Universitaires de France, 1957).

Reiser, J., *Atlas of Novel Tectonics* (New York: Princeton Architectural Press, 2006).

Renan, E., *La Vie de Jesus* (Paris: Calmann-Levy, 1906).

Rodrigues dos Santos, C., Campos da Silva Pereira, M., Veriano da Silva Pereira, R., Caldeira da Silva, V., *Le Corbusier e o Brasil* (São Paulo: Projecto Editora, 1987).

Roller, T., *Les Catacombes de Rome. Histoire de l'art et des croyances religieuses pendant le premiers siècles du Christianisme, Volume II* (Paris: Morel, 1881).

Rowe, C., *The Mathematics of the Ideal Villa and Other Essays* (Cambridge MA: MIT, 1976).

Rowe, C., *The Architecture of Good Intentions* (London: Academy Editions, 1994).

Rüegg, A. (ed.), *Polychromie architecturale* (Basel, Boston, Berlin: Birkhäuser, 1997).

Rüegg, A. (ed.), *Le Corbusier Photographs by René Burri: Moments in the Life of a Great Architect* (Basel, Boston, Berlin: Birkhäuser, 1999).

Saint Palais, C., *Esclarmonde de Foix: Princesse Cathare* (Toulouse: Privat, 1956).

Samuel, F., "Le Corbusier, Women, Nature and Culture", *Issues in Art and Architecture 5*, 2 (1998), pp.4–20.

Samuel, F., "A Profane Annunciation. The Representation of Sexuality in the Architecture of Ronchamp", *Journal of Architectural Education*, 53, 2 (1999), pp.74–90.

Samuel, F., "Le Corbusier, Teilhard de Chardin and the Planetisation of Mankind", *Journal of Architecture*, 4 (1999), pp.149–165.

Samuel, F., "The Philosophical City of Rabelais and St Teresa; Le Corbusier and Edouard Trouin's scheme for St Baume", *Literature and Theology* 13, 2 (1999), pp.111–126.

Samuel, F. "The Representation of Mary in Le Corbusier's Chapel at Ronchamp", *Church History*, 68, 2 (1999), pp.398–417.

Samuel, F., "Le Corbusier, Teilhard de Chardin and La Planétisation humaine: spiritual ideas at the heart of modernism", *French Cultural Studies*, 11, 2 (2000), pp.181–200.

Samuel, F., "Le Corbusier, Rabelais and the Oracle of the Holy Bottle", *Word and Image: a Journal of verbal/visual enquiry*, 17, 4 (2001), pp.325–338.

Samuel, F., "La cité orphique de La Sainte Baume" in *Le Corbusier. Le symbolique, le sacré, la spiritualité* (Paris: Fondation Le Corbusier, Editions de la Villette, 2004), pp.121–138.

Samuel, F., *Le Corbusier: Architect and Feminist* (London: Wiley/Academy, 2004).

Samuel, F., "Animus, Anima and the Architecture of Le Corbusier", *Harvest*, 48, 2 (2003), pp.42–60.

Samuel, F., *Le Corbusier in Detail* (Oxford: Architectural Press, 2007).

Schumacher, T., "Deep Space Shallow Space", *Architectural Review*, vol. CLXXXI, no 1079 (1987), p.41.

Schuré, E., *Les Grands Initiés: Esquisse secrète des religions* (Paris: Perrin, 1908) in FLC.

Sekler, E. and Curtis, W., *Le Corbusier at Work: The Genesis of the Carpenter Centre for the Visual Arts* (Cambridge MA: MIT, 1978).

Soltan, J., "Working with Le Corbusier" in Allen Brookes, H. (ed.), *The Le Corbusier Archive, Volume XVII* (New York: Garland, 1983), pp.ix–xxiv.

Spate, V., *Orphism: the Evolution of Non-figurative Painting in Paris in 1910–14* (Oxford: Clarendon, 1979).

Stadler, L., "Turning Architecture Inside Out: Revolving Doors and Other Threshold Devices", *Journal of Design History*, 22, 1 (2009), pp.69–77.

Stirling, J., "Garches to Jaoul: Le Corbusier as Domestic Architect in 1927 and 1953" in Allen Brookes, H. (ed.), *The Le Corbusier Archive, Volume XX* (New York: Garland, 1983), pp.ix–xxi.

Teyssot, G., "A Topology of Thresholds", in Hebel, D. and Stollmann, J. (eds.) *Bathrooms Unplugged, Architecture and Intimacy* (Basel, Boston, Berlin: Birkhäuser, 2005).

Thomas, M. and Penz, F., *Architectures of Illusion: From Motion Pictures to Navigable Interactive Environments* (Bristol: Intellect, 2003).

Till, J., *Architecture Depends* (Cambridge MA: MIT, 2009).

Treib, M., *Space Calculated in Seconds* (Princeton: Princeton University Press, 1996).

Von Moos, S. and Rüegg, A. (eds.), *Le Corbusier Before Le Corbusier* (Yale: New Haven, 2002).

Weber, N. F., *Le Corbusier: A Life* (New York: Knopf, 2008).

Willmert, T., "The ancient fire the hearth of tradition: Creation and Combustion in Le Corbusier's studio residences", *arq*, 10, 1 (2006), pp.57–78.

Wogenscky, A., "The Unité d'Habitation at Marseille" in Allen Brookes, H. (ed.), *The Le Corbusier Archive, Volumes XVI* (New York: Garland, 1983), pp.ix–xvii.

Xenakis, I., "The Monastery of La Tourette" in Allen Brookes, H. (ed.), *The Le Corbusier Archive, Volume XXVIII* (New York: Garland, 1983), pp.ix–xiii.